家的模样

日系舒适美宅设计图解

日本 X-Knowledge 出版社 / 编著
牛冰心　陈兵 / 译

中国青年出版社

CONTENTS 目 录

Chapter

1 如何让住宅更加舒适的建筑方法 ······ 5

[NEW CONSTRUCTION]

01 露台花园，连接内外 6
无界线感的家 须藤建设公司 /SUDO 之家（千叶县）

02 住宅密集区里通风及采光都无可挑剔的范例 12
中久万之家 · 创荣工务店（高知县）

03 住宅连接三个庭院体现出宁静的日式风格 18
充满日式风情的住户 带小院的生活 I.D.Works（山口县）

Chapter

2 让居所变为舒适愉快空间的方法与技巧 ······ 25

01 L D K 连接客厅与阳台 26
02 L D K 运用色彩墙演绎时尚空间 27
03 L D K 钢琴声环绕在挑空客厅 28
04 L D K 使用不同材料区分空间 29
05 L D K 灵活选材营造个性空间 30
06 L D K 改变地面落差提高空间开放感 31
07 L D K 高出一个台阶的榻榻米空间 32
08 L D K 三面都有门窗的客厅 33
09 L D K 采用 U 字形设计让空间更加明亮 34
10 材 料 LDK 户型洋溢着桧木醇的香气 35
11 材 料 自然的材料与住宅的功能性相结合 36
12 窗 户 选用磨砂玻璃遮挡视线 37
13 窗 户 给室内带来照明的屋顶高窗 38
14 窗 户 窗框如画框，欣赏动态的美景 39
15 窗 户 混搭不同式样的窗户 40
16 窗 户 使用条型窗遮挡视线 41
17 窗 户 使墙壁和地板的反射光线变得更柔和 42
18 厨 房 动线使家务变得更轻松 43
19 阳 台 确保阳光和良好视线的阳台 44
20 露 台 全观景的露台 45
21 露 台 L 型的露台活动自由 46
22 廊 道 在围绕中庭的廊道上 47
23 中 庭 拥有一面宽阔外观的临街中庭 48
24 中 庭 强调内外连续性 49
25 中 庭 利用前庭和廊道采光 50
26 中 庭 口字型的设计让距离感恰到好处 51
27 中 庭 可以调节室内光线的中庭 52
28 中 庭 直通房顶的落地窗让中庭容于室内 53
29 用水场所 独立的洗漱室有利于保持清洁 54
30 用水场所 从浴室到阳光房动线为一条直线 55
31 用水场所 站在客人角度设置的独立客用卫生间过道 56
32 用水场所 窗户朝南的更衣室也可以晾晒衣物 57
33 用水场所 利用家务用水区周围的空间定做储物架 57
34 挑 空 室内铺设地砖，营造传统街道的商家风格让人身心放松 58
35 挑 空 光线从高处的窗户照进来，让挑空空间更加明亮开放 59
36 玄 关 大开口的玄关正对私人花园 59
37 玄 关 玄关与兼备走廊的壁橱相连 60
38 玄 关 玄关地砖作为分割“ON”“OFF”的界限 61
39 玄 关 遮挡住进入居室的视线，同时通过挑空增强开放感 62
40 玄 关 装饰墙及用绿植装饰的玄关口 62

41 玄　关 木制竖格墙和木板的内侧屋檐
让玄关周围看上去温馨协调 63
42 玄　关 凹进式玄关，增加纵深感 63
43 外　观 车库选用色调一致的石头贴面
看上去更高级 64

Chapter

3 焕然一新的我爱我家—— 报告集锦 65

[RENONATION]

01 跃层的儿童房和 LDK 平缓地连接在一起 66
空间的可能性的诞生 earth（东京都）

02 从祖父世代传承下来的庭院，如同欣赏一幅画 72
（庭院美术馆 CONY JAPAN Spaceup 堺泉北店（大阪府）

03 具有通透感的书架和楼梯成为客厅的点缀 78
大家庭的住宅 Ronden Atelier（广岛县）

Chapter

4 让住宅更加舒适的设计技巧从大规模改造到细节的设计 85

01 L D K 通过拆除房间让 LDK 面积达到 $48m^2$ 86
02 L D K 通过间接照明增强纵深感 87
03 L D K 可以休息的地台 88
04 L D K 榻榻米客厅变成有现代风格的 LDK 89
05 L D K 自然采光优越无须灯具照明 90
06 L D K 客厅的一角设置榻榻米 91
07 L D K 背景墙让人感觉像是到了度假村 92
08 L D K 拆除吊柜让视觉更开阔 93
09 L D K 刻意在 LDK 中晒出原有的屋梁 94
10 L D K 保留老住宅的原味 95
11 厨　房 非常人性化的家务动线 96
12 厨　房 增加色彩设计的另一个环节 97
13 和　室 非常简洁的多功能和室 98
14 格　局 新增的二层储物空间 99
15 格　局 在卧室内设计更衣间 100
16 格　局 连接卧室及客厅的步入式更衣间 101
17 格　局 设置榻榻米一角专用于叠衣服 102
18 格　局 隐藏在 LDK 中的阁楼 103
19 宠　物 让宠物活动更自由的设计 104
20 窗　户 如同欣赏绘画一般的观景窗 105
21 设　计 承重柱与装饰格栅相呼应 106
22 设　计 让充满回忆的屋顶和窗户得以再生 107
23 设　计 明亮的踏板式楼梯 108
24 玄　关 能够放置雨伞和大衣的大型玄关储物空间 109
25 玄　关 可以聚会的玄关 110
26 外　围 与周围环境融为一体的住宅入口处 111
27 外　围 住宅入口处令街景熠熠生辉 112
28 外　围 改建一层部分增加可室内泊车的车库 113
29 外　围 让露台成为第二个客厅 114
30 外　围 避风的花园房 115
31 外　围 带遮阳帘的露台成为你的独家私人空间 115
32 外　围 在露台享受读书乐趣 116
33 外　围 感受院子带来的生活情趣 116
34 外　围 界限分明的玄关小路和院子 117
35 外　围 专有庭院让家人团聚时光更加愉快 118

Chapter

5 保持健康愉快生活的环保型住宅 …… 119

01 新建房 地砖空间能够积蓄炉子释放的热量 120

02 新建房 建造零耗能住宅 121

03 新建房 室温一直保持在 18 度以上的健康住宅 122

04 新建房 利用长屋檐调控日光辐射 123

05 改建 用数值切身感受改建后的成果！ 124

06 改建 运用自然力量的诱导式设计 125

Chapter

6 构建安心舒适住宅的基本知识 …… 127

[调 查 结 果]

建房施工后才注意到的“烦恼” 128

[冬 天 温 暖 的 住 宅]

防止温暖空气外流 129

各个房间的温度差变化小整个住宅都让人感到舒适 129

[夏 季 凉 爽 住 宅]

夏季让室内保持凉爽的方法是什么？ 130

[住 户 与 健 康]

室内保持舒适对健康有益！ 130

[节 省 开 支 的 住 宅]

利用太阳能发电实现零光热费 131

[LDK 格 局]

开放型 LDK 作为生活中心，使家人之间的交流更加顺利 132

[LDK 储 物]

利用系统储物让室内变得干净整洁同时还能够有效地应对地震 132

[厨 房 格 局]

使用方便的厨房，注重尺寸 133

[厨 房 储 物]

经常使用的物品收放在容易取出的区域！ 133

[家 务 用 水 区]

关注让家务活变得更轻松的动线 134

利用原有的抽屉等让洗漱室使用更方便 134

在样板间中选择房间设计的灵感 135

Chapter 1

如何让住宅更加舒适的建筑方法

透过窗户照射进来的阳光和毫无遮挡的通风效果，手感细腻光滑的地板和柔和静谧的室内基调。对于居住者而言，这些都是能够让人心情愉悦和放松身心住宅的共通之处。

没有窗帘，也不影响居家生活

客厅和餐厅朝向露台花园的一侧采用了大型窗户的设计，这样室内和室外相通。露台花园被外墙包围，即使没有百叶窗或窗帘，也不必担心暴露隐私。“这个露台花园还是另外一间客厅，用途广，方便实用，我们都非常喜欢。”房主 T 讲。

此户住宅的南侧邻街，北侧背向陡坡，重点着眼于更有效地利用土地。由于前方道路的行人及车辆较多，周围的住宅即使在白天也大都挂上窗帘。为了削减室内和室外的界限感，大型开窗的设计让住宅更具有开阔感，并将客厅和露台花园无障碍地相连。客厅屋顶与屋檐也进行了设计处理，在视觉上客厅与户外浑然一体。即使身处室内时，视线也会自然地延伸到户外。

Living Room

客厅 与露台花园相邻的客厅，模糊了室内和室外的界线，整体空间彰显宽阔感。

玄关和客厅之间设置的洗面台

由玄关厅走向客厅的途中设置了洗面台。能够感受到从右侧客厅照进来的光线。

将榻榻米作为放松休息的空间

在客厅一角高出地面的榻榻米空间处，面向北侧设置窗户。榻榻米下方可用来储物。

露台花园不必在意外界的视线

露台花园的外墙遮挡住来自外界的视线。室内可以不使用窗帘。

富足的储物空间降低生活杂乱感

住宅建在陡坡上面视线良好，为了发挥这个特点，在北侧墙壁上设置了好几扇固定式窗户。弱化窗框的存在感，利用窗框取景，好似画框一样悬挂在墙壁上，融入玄关、楼梯及客厅之中。

这户住宅的特征为，日常生活中所需要的储物空间虽无刻意地划分，却充分地得到了保障。玄关一整面墙的鞋柜，厨房里侧的储藏室，电视机背后的墙壁储物，榻榻米下方的储物，这些根据空间特性设计出的储物仓库分布到空间中，从而减少日常生活的杂乱琐碎感。

“小孩子也非常喜欢露台花园，可以从客厅直接进出自由地玩耍。”模糊住宅室内和室外的界线，感受比实际空间更宽裕的室内空间，让居家生活变得更加舒适。

DK（Dining Kitchen）
洋溢树木带来温暖感

包围厨房的面板采用了与地板相同的材质。模糊交接处让空间整体更加协调。

Dining & Kitchen

集客厅和餐厅一体化的厨房，摆放了绿植和小物品进行装饰，氛围自然清新。

餐厅&厨房

富足的储物空间使厨房井然有序

吧台内侧带有储物架，厨房里侧是储藏室，能够存放许多食材和餐具。

依靠储物空间确保整体空间井然有序

厨房里侧的储藏室，榻榻米下方的储物等，通过这些不经意的储物空间，让室内看起来干净利落，井然有序。

通过素材协调与室外的连续性

客厅天花板为红松木板条。与屋檐直接相连，强调室内和室外的连续性。

Inner Court

中庭 露台花园可作为第二间客厅使用。视线随之延伸到室外，让室内也充满开放感。

日常生活的乐趣增多

客厅的地板和廊道相连，其高度相同，可变身为放松休息的空间。可以在此读书、戏水等，增添了许多家庭乐趣。

External Appearance

外观 限制房门大小保证室内隐私。在设计上同时考虑到房门和街市风景的协调性。

用白色×木板基调归纳的外观

白色盒子部分是露台花园。从外面可直接进入露台花园。

Entrance Hall

玄关

引入北侧风景让玄关熠熠生辉。
打开玄关大门，视线可以顺延得很远，
来访的客人对此景赞不绝口。

玄关内备有充足的储物空间

屋顶、墙壁及客厅屋顶采用了同样的木板条设计。左侧的整面墙是储物柜，可用来存放鞋子。

窗外的美景如一幅画卷挂在室内

固定的窗户如同画框一样，把北侧的美景尽收框中。木条状的台子内部为储物柜。

Sanitary

家务用水区

家务用水区紧凑的设计让空间得以充分的利用，
开阔的空间使用起来非常方便。

美景尽收眼底的浴场
（注：浴室旁边的一小部分空间称为浴场）

二层浴室旁边的一小部分空间称为浴场，从浴场向北观望，郁郁葱葱的景色让身心得到放松。

间接照明带给洗漱室的温馨

悬浮式洗面台是这间洗漱室的特征。储物架和洗面台都是开放式的。

[感受不到界线的室内外空间] 格局

重视便捷及设计的方案。
家务用水区集中在二层。一层作为休息放松的空间。

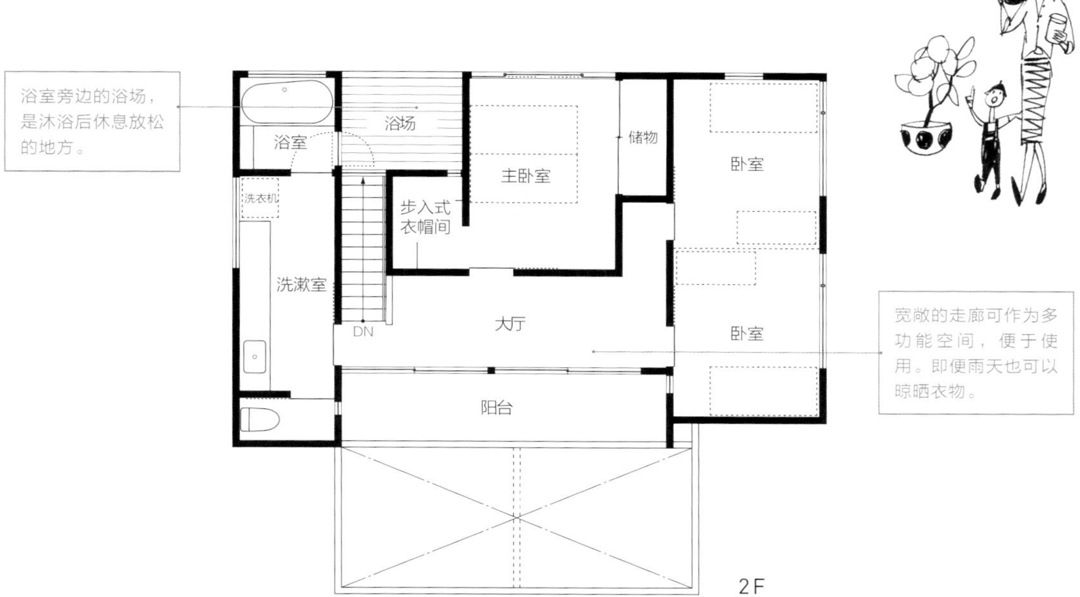

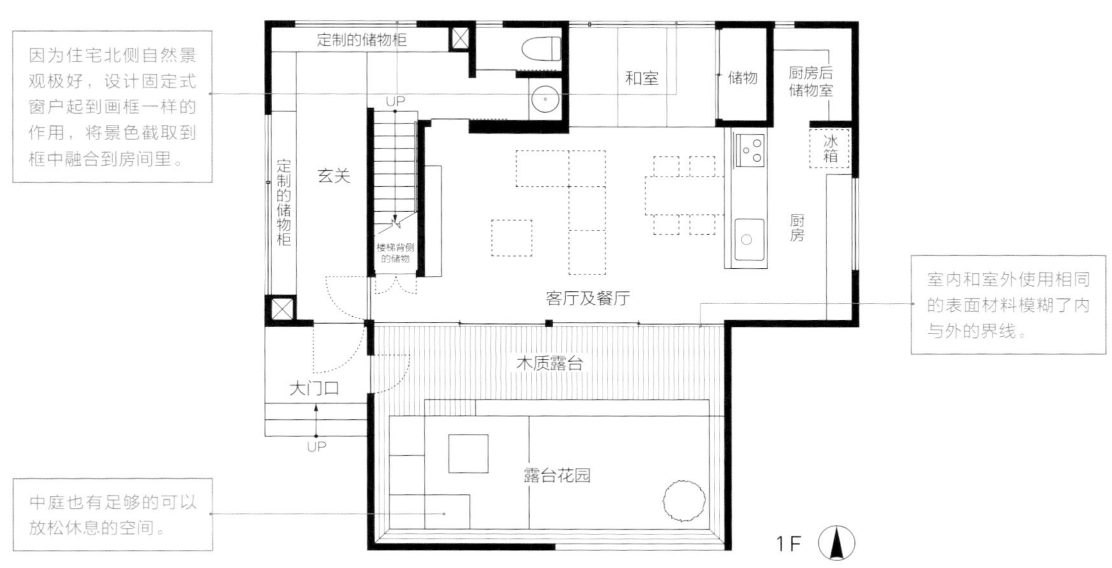

家庭成员构成/夫妻+孩子一人 地面面积/1F：57.13m²

和室带来的家族成员之间的距离

在二楼中央部位打造了高出地面一截的和室。与LD之间保持了良好的距离感，同时也保持了一体感。

NEW CONSTRUCTION 02

住宅密集区里 通风及采光都无可挑剔的范例

中久万之家 · 创荣工务店（高知县）

二层客厅的开放感

Y 先生夫妇的新居距离高知市中心很近，从前就是人口密集的地区，狭窄的道路上住宅林立。土地是妻子父母赠送的，住宅要由自己建造。建房时夫妻二人主要有 3 个要求。首先，不必担心外界视线放松地生活；其次，格局上能够感受到家人的动向；最后，男主人希望建有回廊。

建筑师根据此要求，建议把客厅放在二层。这是考虑到二层光线充足通风顺畅，而且这样的客厅也不必担心外界的视线，既有助于愉悦身心，又可以安心生活。夫妻二人本来抱有“客厅只能在一层”的固有观念，当初对这个新概念的设计方案或多或少存有顾虑。“如果客厅在二层，那么搬运物品、倒垃圾等时候会变得麻烦。但实际生活起来完全不必在意这些，而且还有很多意想不到的好处”，现在女主人对此非常满意，赞不绝口。

南侧一角的采光性能大幅度提高

住宅面向南侧的角落有两面窗户。具有极佳的采光性，令生活舒适明快。

采用舒适的自然材料

门窗框、木地板使用的都是产于高知县的柏木。和室白色墙壁使用的是具有调湿功能的高级涂料。

Living Room

将客厅设置在最明亮通风的地方。能够随时感受到家人的动向，并且方便观察室外的情况。

客厅

木制材料让房间看起来更加宽阔

木制门窗与室内风格融为一体。为了与室外保持整体感，对门窗下框进行了隐藏处理。

大窗户尽收外景于室内

客厅给人印象最深的是大窗户，因为它将室外和室内融为一体。客厅充满开放感，光线充足，房间明亮。而且不用担心外界的视线，白天可不必挂窗帘。二层房间最小限度使用隔断，这样在日常生活中能随时感受到家人的动向。

窗子前方是带有木地板的阳台。由于从住宅到前面的道路还有一段距离。阳台地面高度低于室内，这样既能避免外界的视线，又没有影响眺望远景。

考虑到日常做家务的动线，设计时也下了功夫，LDK（Living Dining Kitchen）包围和室，并且设计了卫浴设备有助于提高洄游性。

“从住进来的第一天起就由衷地感受到归属感，能够让我们在这里安心生活。搬进新家后丈夫也经常说想尽量提早回到家里”。一家人聚集在客厅里，舒适愉快，其乐融融，以客厅作为日常生活的中心，家人间的亲情也变得更加深厚。

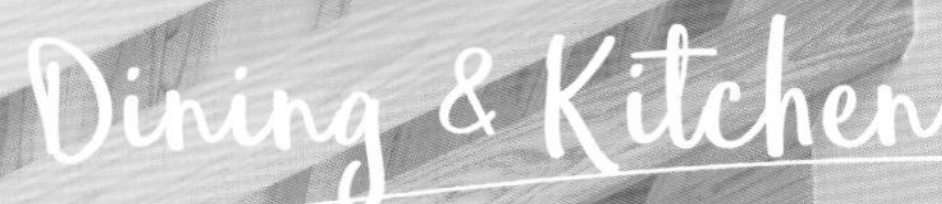

Dining & Kitchen

在厨房里做料理的同时能够观察到客厅和和室的情况。站在吧台里视线自然而然地向窗外延伸。

客厅 厨房

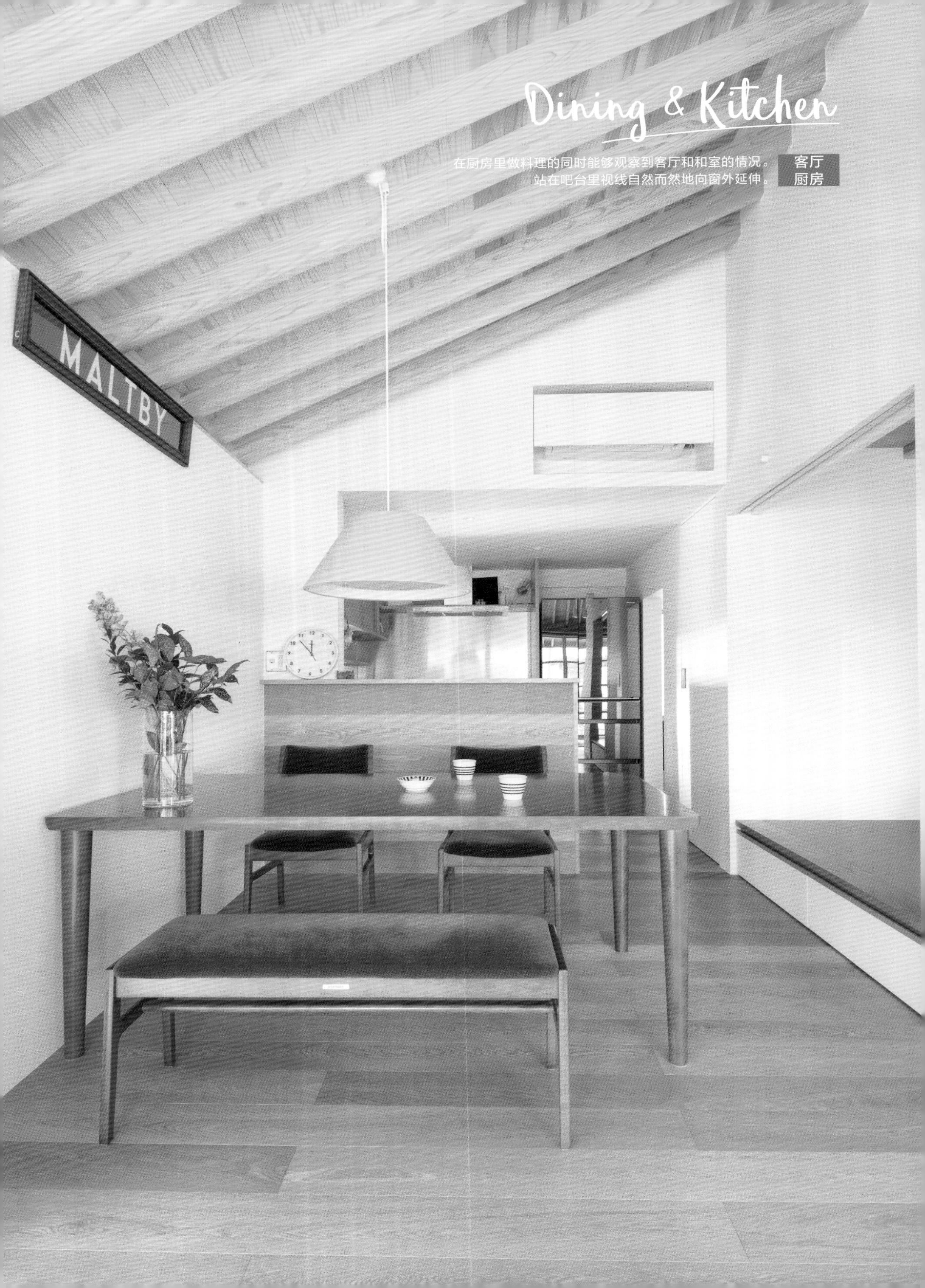

白色空间里色彩斑斓的马赛克瓷砖

马赛克瓷砖作为室内装饰。缓解白色空间带来的紧张感。

拥有充足作业空间的厨房

按照妻子的愿望设计缺口型吧台，确保作业空间绰绰有余。储物部分统一使用黄铜材质的把手。

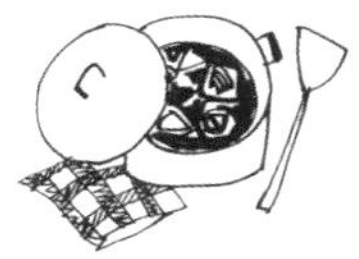

Japanese Room

和室 为了让“和室被充分地利用起来”，将和室与客厅作为一个整体来设计。拉下用日式传统的和纸做的百叶窗帘，和室与客厅即可作为单独房间使用。

利用台阶差的储物空间

利用和室与客厅的高低差，在台阶处设置了抽屉的储物。抽屉里放了孩子的玩具和画册。

和室位于二层中心处，比其地面高出一个台阶。

和室可作为孩子玩耍的场所或者来客时的卧室使用。女主人说，“喜欢坐在和室里眺望窗外”。

Balcony

阳台 不必担心外界的视线，回廊和木制廊道用途广泛，可以喝茶或者跟孩子一起玩耍，让人感觉轻松惬意。

木质廊道上有男主人憧憬的回廊

夏天坐在回廊上边喝酒边纳凉。秋天与家人一起赏月。栽植的绿树恰好阻隔外界的视线。

在洗衣间里洗衣到晾晒操作变得简单且顺畅

对于双职工的夫妇来说，晾晒衣服的空间是必不可少的。从洗衣机里拿出的衣服直接就可以晾晒在这里。

Sanitary

家务用水区

更衣室中有充足的晾衣空间。更衣室、浴室、洗漱室以及卫生间相连，让做家务时的动线简明流畅。

洗面池上方也镶嵌上马赛克砖

洗漱室里镶嵌与厨房同款的马赛克砖。镜子后面用作储物，外观简洁明了。

Entrance

玄关

入口处简练的黑色外墙与玄关大门对照鲜明。还为主人的兴趣爱好专门留出了空间。

通往入口的小道两旁栽植了花草树木。

通往玄关的小道两侧栽植了枫树和白蜡树。春季到夏季枝叶繁茂，与外墙交相辉映。

从停车场到单车车库

从单车车库到室内不必从玄关绕行就可以从车库直接进入室内。尤其是在下雨的日子会感到非常方便。

从停车场能够直接进出的单车车库

男主人的兴趣爱好是骑单车，最里面的门内是存放单车的车库。车库内有充足的空间可兼作小仓库使用。

[中久万之家]格局

一层为个人房间，二层是开放的公共空间。
动线具有洄游性顺畅便捷。

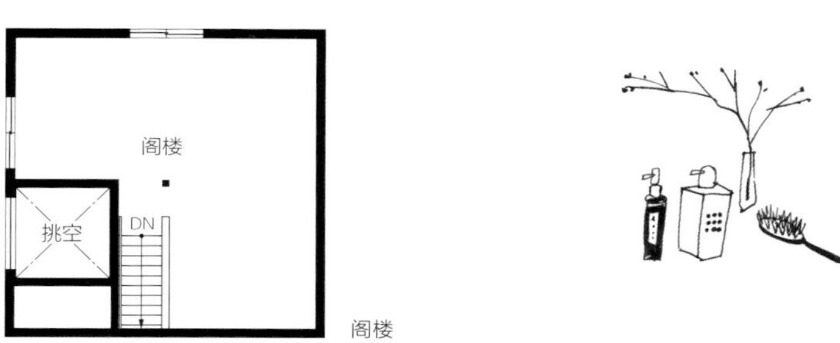

家庭成员构成/夫妻+孩子两人 地面面积/1F：50.22m^2
2F：65.61m^2，阁楼：24.3m^2，合计：140.13m^2 木质结构二层建筑

住宅连接三个庭院体现出宁静的日式风格

充满日式风情的住户　带小院的生活 I.D.Works（山口县）

三个方向被院子包围的LDK
身在LDK里面向三个庭院感受四季变化。屋顶在高度上发生变化，空间呈现出多种风情。

喜爱温泉的房主希望住宅设计成日式旅馆式的慢节奏风格。设计师从思考如何体现出日式旅馆风格为起点。

房主要求无论在住宅任何地方都看得到绿色。因此，将所有房间都设计为面向庭院，取院中之景融入室内以获取超出日常生活的舒适感。另外即便在满足房主确保五辆车都能有停放场地的需求以外，仍留有空地。空地包括中庭在内的三个院子，三个院子加起来面积与住户房间大致相等。

三个方向都留有窗户的 LDK 户型开放明亮。站在厨房看正面中庭和两边的院子，感觉比实际面积更加开阔。降低窗户的高度增加墙壁面积，在感受空间开放感的同时身心也得到放松。坐在沙发或者地板上时感受到的舒适感都与设计师地精心设计是密不可分的。

Living & Dining

客厅和餐厅从中庭引入光线和通风，门窗的高度设置得较低，墙壁面积较大，在设计上充分地投入了日式风格的设计要素。

客厅
餐厅

下意识地降低门窗高度，以体现日式风格中的安静与简约

客厅的三面墙都设置了窗户，带来了十足的开放感。降低窗户的高度展现出日式风格的静谧。

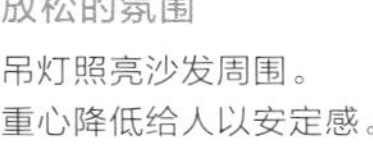

放松的氛围

吊灯照亮沙发周围。重心降低给人以安定感。

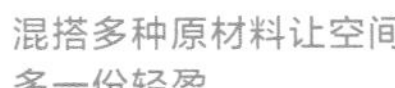

混搭多种原材料让空间多一份轻盈

地板是樱木，墙板是杉木。色泽和纹理不同的木材混搭演绎出轻盈感。

简约的现代室内设计

在外观上为了体现出日式旅馆的特征，采用坡度缓慢的单向倾斜屋顶。缩减二层容积率，看起来如平房一样。为了保持住宅的整体化，在玄关外侧配置了日式的格子门和坪庭。与住户部分之间设置了较为奢侈的游乐空间，可以隐藏日常生活的琐碎感，并展现出传统日式旅馆的远离尘嚣的宁静风情。

室内装饰选用自然材质，简约淡雅。日本传统居室中的幽暗有时给人以沉闷的印象。为此，在家人聚集的客厅，采用樱桃地板，家具使用枫木和黑樱桃木等，色泽和质感不同的木材分散的嵌入组合中让居室清爽怡人。定制家具，整体自然和谐。客厅为挑空结构，黑杉木的木板墙是背景墙。整体风格，给人以紧凑的印象。

厨房为与客厅融为一体的开放式厨房。
操作台同时又是吧台，储物空间充足。

厨房

定做的纯木家具式样简洁明快

背墙的吧台和装饰架使用了色泽感强的枫木。枫木没有进行涂刷，这样更加适合室内的氛围。

在格局上以家人的团聚和谐为主题

和煦的微风及明媚的阳光从厨房正面的中庭进入室内。“非常高兴能够在做料理的同时也能够观察孩子和家人的动静”，妻子对此满意地说。

视野开阔的厨房

半岛式厨房的面板为灰绿色，美观时尚又颇显素雅。视线可以从两侧延伸到室外，开放感十足。

Inner Court

中庭

和室、LDK、卧室呈开口型形状环绕中庭，从中庭引入光和风到室内。
中庭内种植的白蜡树会随时间发生变化，从二层也能够观赏到树的成长。

通过院子里的小路来缩短家务动线

通过厨房北侧的院子可直线通往洗衣房。
让洗衣、晾晒、收取、叠放、整理等家务更加顺畅快捷。

日式特色的中庭

从中庭可以看到整间开阔的LDK。楼梯为钢骨结构在不遮挡视线的同时，将室内室外连接起来。

窗外的景色让和室更为宁静淡雅

和室铺设的琉球榻榻米伴随着时尚风格。坪庭则采用木制门窗，仿佛把一幅日本画挂在墙上，画中为窗外的景色。

Japanese Room

和室

和室可作为客人房使用，从客人的角度出发，和室和客厅保持一定的距离，这样可以保证客人更加舒适。和室和客厅通过中庭在空间上自然衔接。

散发着自然气息的凹阁

光线透过坪庭若隐若现地洒落在凹阁。为了不破坏氛围用木格子遮挡住空调。

2nd Floor

二层

二层格局紧凑。通路的死角处设置了定制的书架，有效地利用了空间。

灯光反射在屋顶和屋梁温馨柔和

二层楼梯拐角的扶手处设有间接照明。灯光反射在房梁和坡形屋顶上自然柔和。

宽敞的儿童房间

儿童房铺设带有木节的杉木地板，这里是最热闹的地方。将来准备分成两个房间，室内采用对称性设计。

主人的密室

书房的私密性恰到好处。屋顶的坡度和深色壁纸增添了隐秘感。

Entrance Hall

玄关

玄关外侧上方也设有屋顶，
连接室内和室外，让人联想起传统的旅馆。
门和坪庭将日式氛围表现得更加透彻。

窗户朝向院子的玄关明亮简洁

左/正面墙壁上铺设与客厅同款的黑色杉木板。坐在长椅上透过院子可以看到客厅。右/从玄关内侧可以观望外侧的格子门。

富有日式气息的材料，
幽静日式风情

水泥砂浆地面和铺设木板条的屋顶，光线透过格栅门柔和照射进来，呈现出日式风情中的淡雅幽美。

External Appearance

外观

院子和住宅整体设计，外观浑然一体。
外墙选用近似地表的颜色与周围融合在一起。

屋顶采用坡度较缓的单向倾斜方式，视觉效果上为平房。屋檐探出很长，看起来跟高级日式旅馆一样。停车场铺设砂砾石，与庭院融为一体。

[与庭院相依相偎]格局

在居住户间的前方设置水泥台，起到转变空间的效果。
所有房间都能面向院子，如同日式旅馆一样，让人身心放松。

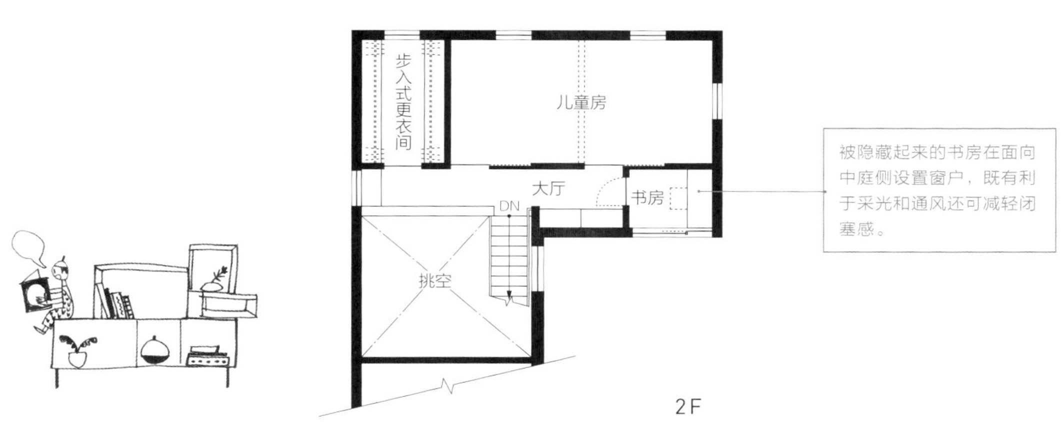

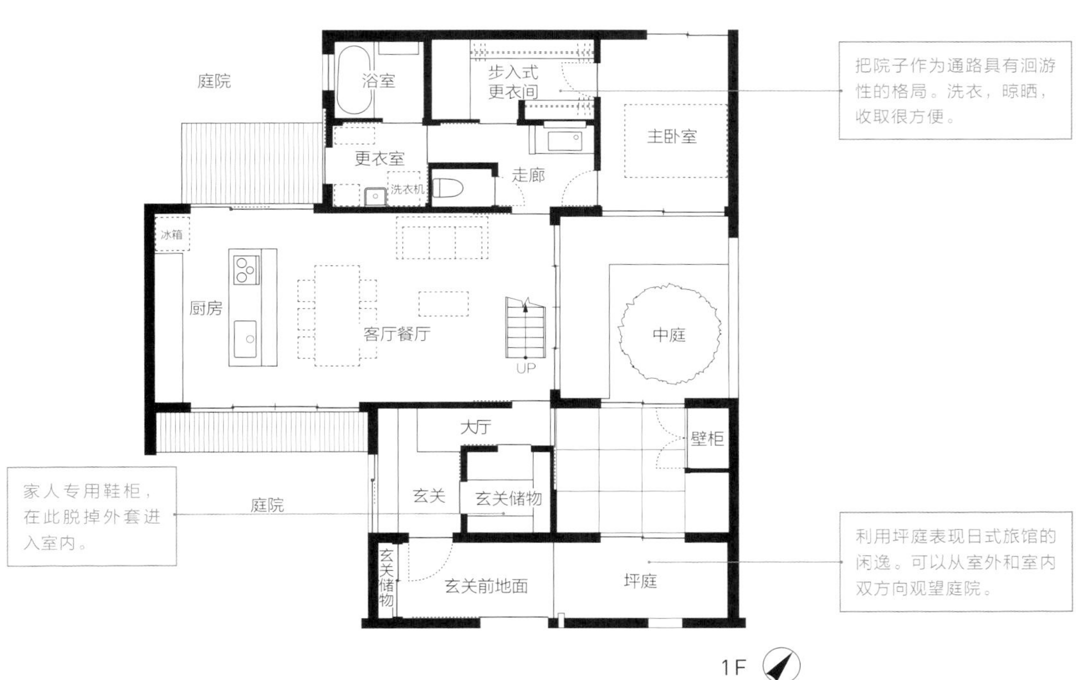

家庭构成/ 夫妇+女儿/地面面积1F：94.05m^2
2F：31.05m^2 合计125.10m^2 木质结构二层建筑

Chapter 2

让居所变为舒适愉快空间的方法与技巧

住宅是生活方式的表现。

有人想让厨房宽敞一些，有人喜爱开放感，还有人想让自己房间小一些。

为了能够让住宅变得更加美好舒适，让我们来共同寻找解决方法及秘诀。

01
LDK

连接客厅与阳台

与中庭相连以巴厘岛别墅为范本。院子内螺旋楼梯与二层阳台相连并来去自如。（建匠）

窗扇采用LIXIL公司的[埃尔斯达-X]。隔热UA值=0.15，气密C值=0.17，因为达到了高保温性能值，即使格局上很开放也依然很舒适。（建匠）

外墙遮挡住来自外界的视线确保了私密性。由于来客较多，留有充裕的停车位。（建匠）

房主以曾经住过的巴厘岛别墅为范本对住宅整体进行规划改造。室外及客厅的特点鲜明，与阳台直接相连，以身处户外的感觉品味设计的开放感。

作为户外空间的阳台有一半被屋顶覆盖，强调了阳台与室内的一体感。从阳台可以直接进入中庭，或从院子直接通过螺旋楼梯到二层，方便快速。

门窗朝北开设，即使在夏季也不必担心强烈日照依然能够感受到舒适与清爽。外墙壁遮挡外界的视线，充分确保隐私，生活也因此安全放松。

02

LDK

运用色彩墙演绎时尚空间

采用灰色背景墙整体空间显得前卫时尚。木制家具和厨房吧台的颜色搭配得自然得体。（辰巳开发组合 辰巳住研）

进入玄关后相连和室，LDK的复古风格与和室融合，设计也是以此为主题进行。（辰巳开发组合 辰巳住研）

不拘泥外观的设计，通透性良好，较高的花墙给人以温和质感。栽植的树木恰到好处地保护了个人隐私。（辰巳开发组合 辰巳住研）

吧台式样的厨房和开放式客厅。标准配置的 LDK 对色彩和材质加以升级，打造出个性化的空间。

四周的墙中有两面墙选用了灰色作为装饰性的背景墙。吧台配上具有亲和力的木质素材显得时尚干练。

个性的吊灯和间接照明增加了空间的立体感。而且根据不同灯具既可以调节出现代时尚风格，也可以转换为略带怀旧的感觉。似曾相识的怀旧感与热情洋溢的和室融为一体，展现出既传统又不失现代气息的空间氛围。

03 LDK

钢琴声环绕在挑空客厅

由于计划在客厅内安放大钢琴，为了让钢琴的音色更加延绵环绕，客厅上方设计为挑空结构。客厅内的楼梯是钢架式设计，增强了挑空结构的开放感。LDK自不必说，视线可一直延伸到相邻的和室中，空间因此宽敞明亮。客厅的一部分墙壁铺贴木板块。使用间接照明时，浮现出丰富柔和的阴影效果。

厨房边上设置了储藏室，从厨房无论是到储藏室还是到家务用水区周围都没有死胡同，都处于洄游路线上。丰富多彩的设计性让家务轻松便捷。

由于实现了房顶高处的挑空结构，大钢琴的音色绵绵萦绕在房间里。钢架结构的楼梯更增添开放感。（枫工务店）

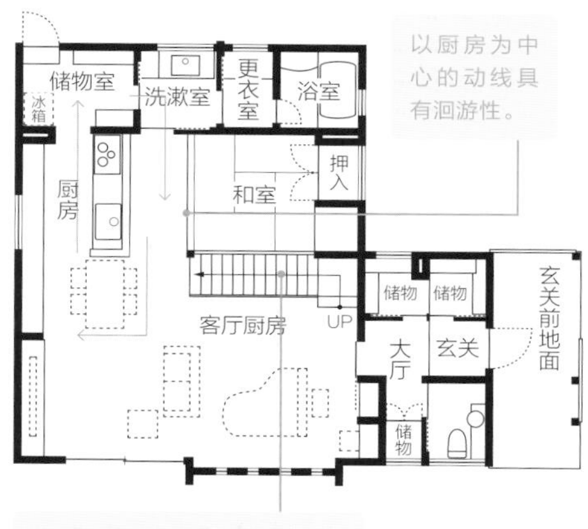

以厨房为中心的动线具有洄游性。

客厅内配置钢架结构的楼梯。

墙壁的一部分铺贴木板块。为了照亮木板块，设置了间接照明。（枫工务店）

04
LDK

使用不同材料区分空间

在岛式厨房的旁边配置餐桌可让餐厅和厨房间的沟通更加自然顺畅。厨房与客厅的距离也恰到好处，在做料理的同时，也可以享受对话交流带来的乐趣。（Quore Home）

只有厨房的屋顶和地板使用了不同的材料。系统厨房和定做储物柜一体化更加提高了使用的便捷性。（Quore Home）

"超越高级日式旅馆"是该住宅的建筑理念。因此在材质及照明等细节上非常讲究，建成后的住宅也果真如同高品质旅馆一样。

特别是 LDK 作为生活中心的部分，一间房间就铺设了共计 46 枚榻榻米（※ 以基本榻榻米 3 尺 ×6 尺的尺寸计算，面积约为 910mm×1820mm=1.6562m^2）的宽度，这种开放感令人惊叹不已。厨房、屋顶以及地板选择不同的材质进行设计，以提高视觉上的区域划分效果，在空间上各区域个性鲜明。

客厅全部采用榻榻米，让人身心放松。并且客厅上方设置为挑空空间，具有开放感。通过挑空，客厅与二层房间在立体空间上相连，六名家庭成员无论处在住宅任何位置都能够察觉相互的动静，同时又能够享受各自的生活空间。

客厅为挑空结构再加以大开口门窗，具有很强的开放感。

楼梯是镂空式设计，阳光可以穿过楼梯一直照到厨房。

05
LDK

灵活选材营造个性空间

光线从客厅楼梯处洒下的LDK。柔和的色调把墙壁和地面统一起来。（竹内建设）

客厅墙壁一部分以红砖基调的壁纸作为背景墙。（竹内建设）

厨房吧台里开阔的视野让做家务变得舒适。洗碗池上方金属吊架用来点缀空间。（竹内建设）

房主夫妻二人对住宅所有的建筑材料都有很高的要求。客厅的背景墙选用了进口壁纸。进口壁纸温暖的色调提升了 LDK 整体的温馨舒适度。并且，配合色调适中的沙发地板，完成了更加适合家人和来客聚集的居住空间。

站在厨房吧台处视线可以一直延伸到客厅的窗沿处，做料理时的心情也豁然开朗。窗户的大小及位置都经过精心设计，融室外的景色于室内。阳光通过客厅楼梯从二层照射到一层，确保一层内有充足的自然光。从窗外照进来的光线柔和地照在墙壁和地板上。

06
LDK

改变地面落差提高空间开放感

低于餐厅一个台阶的朝南客厅。（Asisuto企划）

特意降低了餐厅屋顶高度，窗户设计为小型窗更加适合在此休息放松。（Asisuto企划）

挑空及大型开口的空间开放感十足。

从餐厅下一节台阶进入客厅。

通过对开口部及外部结构巧妙地设计，在确保隐私的同时将外部空间有效地融于室内。客厅南面为了彰显开放感设置了挑空及大开口开窗。做方案时考虑到北海道气候的严峻性，通过加强住宅本身的密封性及保温性来确保室内环境的舒适度。窗边的台阶可以当作长椅使用，同时营造出让人新鲜的一角。

相对于充满明媚阳光的客厅，餐厅厨房的地面提升一节台阶高度，并特意降低了屋顶的高度，让空间更加紧凑地结合在一起。充足的光线透过窗户照到这里，营造出与开放感十足的客厅截然不同的氛围，一家人团聚在这里轻松愉快其乐融融。

07
LDK

高出一个台阶的榻榻米空间

开阔的榻榻米空间带给人舒适感。由于高度高出一个台阶，即便坐在榻榻米上也能够保持与厨房里的人平视的高度。（Kasasima建设）

玄关与客厅直接相连。房间里烧柴的炉子使住宅整体温暖舒适。（Kasasima建设）

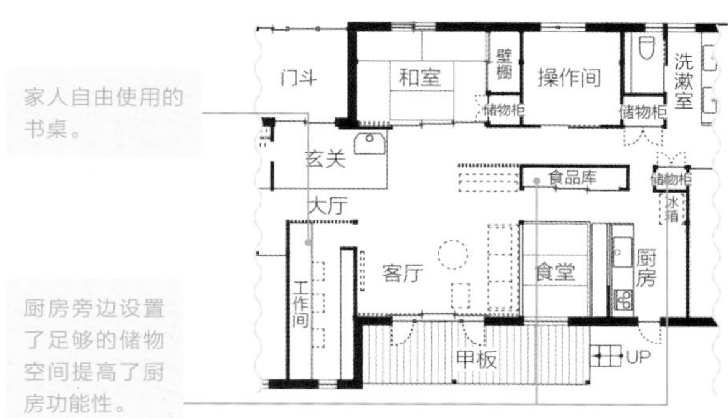

家人自由使用的书桌。

厨房旁边设置了足够的储物空间提高了厨房功能性。

房主希望住宅为日本风格并古香古色，因此设计也是以古民宅为范本去企划。厨房前方略微高出地面的榻榻米空间作为餐厅使用。暴露在外的屋梁漆成深棕色，营造出历史感。岛式的厨房虽然看起来古色古香，但具有极佳的现代性功能。厨房里设有储物柜，使用起来非常方便。

客厅大小约为 12 叠榻榻米并与玄关直接相连，在玄关处设置烧柴的暖炉。客厅前方是木制廊道，旁边还为全家人设置了带书桌的阅读空间，在这里每个人都能够找到适合自己的区域。

08
LDK

三面都有门窗的客厅

让人放松的中庭，阳光透过大开口门窗洒落在客厅。
(Style Design)

外观看起来好似美术馆。走进玄关，展现在眼前的是宽敞明亮的空间，进入室内之前是难以想象的。
(Style Design)

LDK在三个方向上都为大开口门窗，通风特别好，光照充足 。

此案例用地周围的住宅林立，只有东侧面向街道，房主要求设计在确保隐私性的同时具有开放感。应此要求在住宅内部设置多处外部空间，目的为保证室内充分的自然采光并获得开放感。

所有的房间都设置了开窗，个性开窗和固定窗户交叉并用让住宅整体通风更加顺畅。让人舒适的清风可以不断吹进，强风却被阻挡在外，这样的环境让人感到非常舒适。住宅的保温性得到增强使住宅性能更加优越。

外观是以美术馆的形象作为设计理念，在住宅外根本感受不到房间内部的动向，设计大胆时尚。房主经常在家里工作，希望住宅里能够让人舒适放松。于是设计师通过对光和风进行有效的利用让室内空气自然流通。

09
LDK

采用U字形设计让空间更加明亮

为了确保采光，在朝向道路方向的南面墙设置地窗。巧妙地遮挡住外侧视线，同时室内变得明亮，增强空间的开放感。（小出建筑）

在北侧采用能够遮挡视线的小型窗户。通过对屋顶高度和自然光线的调节，展现出与客厅不同的氛围。（小出建筑）

通过设置坪庭，使住宅呈U字形结构，确保客厅光线更加充足。

采用了可以确保隐私的小窗。

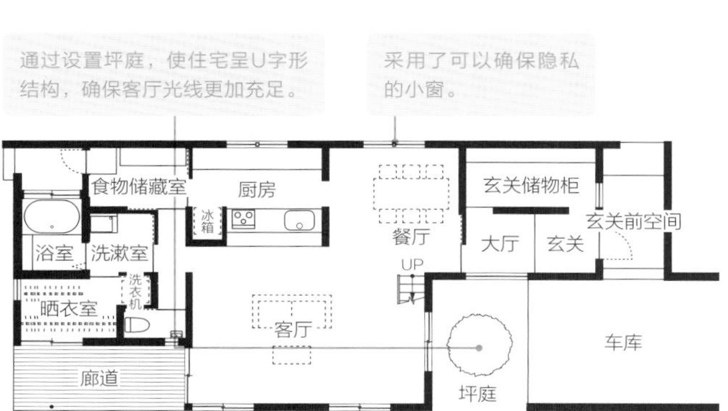

为了能够不受周边环境影响又保证充足的采光，采用U字形格局。朝向道路的开口处设计得非常紧凑，朝向坪庭的开口处有效地利用了地窗，既能确保隐私还能巧妙地调节光线。LDK虽然只做了简单设计，但温馨明亮。光线从楼上经客厅楼梯照进来，增强了客厅的开放感。

厨房采用独立式设计，让家人生活得更加舒适。并且在厨房内设置储藏室减少了生活杂乱感。相对于开放感十足的客厅而言，厨房和餐厅紧凑有致。感受到与宽敞客厅不同的氛围。

LDK洋溢着桧木醇的香气

地板、门窗及墙壁等使用青森县产的丝柏木。室内弥漫着丝柏木的香气，空气中飘散着丝柏木释放的桧木醇。（松浦建设）

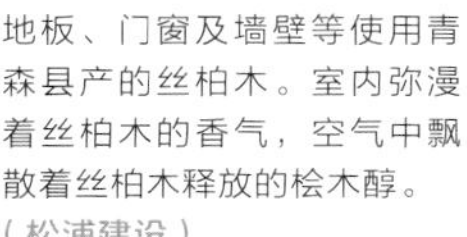

餐厅朝阳的一角。从清晨开始沐浴阳光，有调节体内生物钟的作用，并能够起到让人第二天的清晨不赖床的效果。（松浦建设）

灵活利用一楼的停车场。外观好似从地面漂浮起来，在客厅能够看得更远。（松浦建设）

以住宅的安全健康为宗旨，客厅地板，室内支柱以及厨房，几乎所有的材料都采用了青森县产的丝柏木。据说桧木醇具有抗菌效果，房间内飘荡着清新怡人的桧木醇香气。

为了发挥丝柏木的功效，室内所有木材都没有进行涂装。无涂装的材质让人感到舒适，能让家人及来客更加放松。阳光与微风一同从窗户进入，身在客厅却感觉好像置身于森林一般。

在接近厨房一侧朝阳的位置设置了吧台。在此可以一边沐浴朝阳一边进餐，依照体内生物钟合理安排日常作息。

11
材料

自然的材料与住宅的功能性相结合

清晨的阳光照入餐厅。利用从窗户照射进来的阳光，增强了采暖效果。（红叶建设）

地板没有涂装，墙壁是硅藻泥，室内使用的自然材料让房间更加舒适。室内颜色以浅色为主显得宁静雅致。
（红叶建设）

此住宅案例注重住宅功能性的同时在内部装饰上大量地使用自然材料。所有的墙壁使用硅藻泥，室内充满着令人惬意的氛围。

对内装的颜色加以控制，地板是没有涂刷过的松木地板。以“纯天然”为宗旨的住宅，十分注重采光，阳光透过窗户照进室内让人感到舒适温暖。因为房主喜爱听音乐，看电影及体育节目，客厅设置大屏幕并配有高性能音响的电视。可以充分满足房主各种爱好兴趣。

室内设计得接近自然，装饰架上摆放着自己喜欢的小饰物，非常用心地处理住宅细节，房间内充满了自然快乐的氛围。

所有墙壁都采用硅藻泥。在玄关处设置自行车专用架，骑自行车是房主的爱好，每天的快乐完全展现在生活之中。
（红叶建设）

12
窗户

选用磨砂玻璃遮挡视线

隐私得到保护，客厅舒适温馨。设置高窗让视线向高向外伸展，同时遮挡来自外界的视线。（大贺建设）

对于介意外界视线的部位，采用特殊尺寸的磨砂玻璃。（大贺建设）

房主要求“具有开放感”“无法从住宅外面看到室内”，于是着眼于窗户的位置和设计。在墙壁上方设置高窗，确保了通风和采光。在客厅和餐厅，延伸上方视线，增加了开放感，对于介意外界视线的部位，一部分采用了磨砂玻璃。在不必担心外界视线的空间里设置宽窗的门窗开口，光线可以充分照入。在容易造成封闭感的家务用水区空间采用长条形窗户。

室内以白色为基调，与其他淡红色和灰色等颜色调和，让透过窗户的光线的效果更自然地发挥。

13 窗户

给室内带来照明的屋顶高窗

由于住宅周围被民宅包围，为了保护个人隐私，在门窗等开口部及屋檐深度的设计上采取措施，以遮挡来自外界的视线。在屋顶近处设置高侧窗，光线好似间接照明一样照在房间里，使房间温馨柔和。

利用住宅用地内的高低差设置跃层楼梯，光线从上层透过楼梯照到下层，房间整体豁然明亮。不经意地分割各个空间，家人能够互相感受到彼此的动向。客厅内设置高侧窗和落地窗有利于夏季的自然换气。

柔和的自然光照进LDK内。这里直接经半跃层与家庭间相连。（三四五屋）

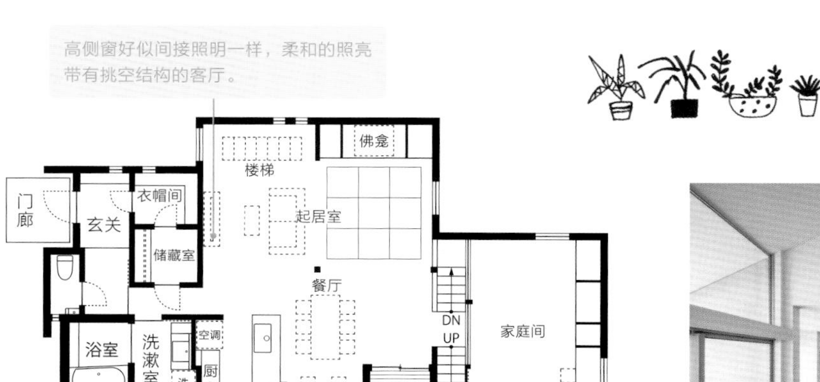

设计：花本大作建筑设计事务所

自然光线透过接近屋顶处的高窗，光线如同间接照明一样洒落进来。（三四五屋）

14
窗户

窗框如画框，欣赏动态的美景

透过客厅的窗户欣赏远方的景色感觉好像悬浮在空中一样不可思议。（东海建设）

放眼望去，与太平洋相邻的城市景观尽在眼底，发挥住宅难得的位置优势，通过窗户将美景融于室内。透过没有框架的窗框感受四季变换，每天的景色都像一幅画一样装饰在墙壁上。

站在厨房的水槽前视线可以延伸得很远，开阔无压抑感。夜晚透过窗户欣赏夜景和星空，享受与白天不同的美景。虽然身在室内，但感受如同在户外一样地释然放松。由于利用窗户截景发挥画框效果，所以室内没有必要做其他繁琐的内装，这样室内显得非常简明，窗外景色也得到了有效地运用。

为了节省空间，楼梯采用直线型设计。光线从2个窗户照进来。（东海建设）

从厨房眺望景色。站在水槽前，视线自然而然地延伸到室外，做料理的同时感受开放感。（东海建设）

15
窗户

混搭不同式样的窗户

混搭横向、竖向、长条型窗户，厨房周围光线饱满。（小野室工务店）

建房时的主题是“与猫共同生活的家”。为了让室内空间充满自然光线，配置了大小不同各式各样的窗户。

厨房周围为了兼备采光性和隐秘性，采用了纵向长条形窗户。这样，灶台周围以及内侧的储藏室也变得明亮。而且，在储物架上方还配置了横向长条型窗户，增强 LDK 整体的采光性。

餐厅地板略高于其他地面，在餐厅墙面较低处设置地窗。这样不必担心来自外界视线可尽情放松身心。在窗子的配置上，既考虑了一家人的生活习惯及对隐私的保护，又保证了空间明亮，具有开放感。

不必担心来自外界的视线可尽情放松身心，餐厅设置了地窗。（小野室工务店）

光线从二层通过楼梯洒落在玄关。门的上方配置了窗户。（小野室工务店）

16

窗户

使用条型窗遮挡视线

柔和的光线从住宅北侧的条形窗照射进来。即使面向道路，也不必担心外界的视线，可尽情放松身心。（大东）

考虑到采光，在客厅南侧设置了中庭。从客厅可以直接到阳台再到中庭。（大东）

住宅外观简洁，从外面看不到房内动向。卷帘门的里侧是车库，从车库直接进入玄关。（大东）

住宅设计了室内车库，这样不用担心泊车时来自外界的视线。当迈进房间时，一定会对视觉无遮挡的跃层楼梯及饱满的自然光惊叹不已。

客厅、餐厅配置在住宅的北侧，而北侧却直接面向街道，这样的环境让如何设计恰当的窗户成为难题。通过在较高位置上配置条型窗作为解决方案，在餐厅用餐或在沙发上休息时都可享受充足的阳光，却不必担心外界的视线，完全放松身心。

南侧设置了隐秘性较高的中庭。面向中庭的开口部非常宽敞，给客厅也带来了非常开阔的感受。阳台设计得也很宽敞，从这里进出很方便。

17 窗户

使墙壁和地板的反射光线变得更柔和

房主提出的建房要求为“保证个人隐私空间”，因不想空间内光线过于明亮，所以房间内多用间接采光。设计上通过有效地使用阴影效果来达到房主的要求。与大开口开阔感十足的客厅不同，厨房的光线因不是从窗户直接照射进来，所以才会营造出温馨静谧的空间效果。光线由窗户照射进来通过反射到白色墙壁和地板后，再照到厨房的光线已变得很柔和。

客厅的开口面向中庭，对于保证个人隐私无问题。白天没有挂窗帘的必要，可以对着大窗户放松。清晨，光线直接从窗口照入客厅使室内非常明亮。

来自天窗的光线洒落在墙壁和地板上，经反射柔和地照到厨房。（板井建设）

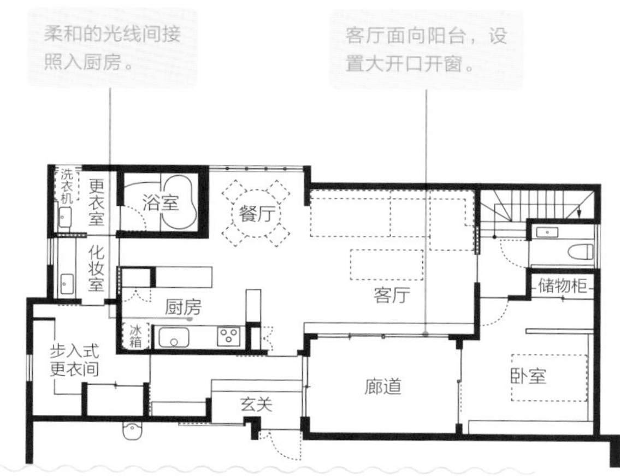

客厅的大开口窗户面向中庭，不用担心外界的视线，安心舒适。（板井建设）

18
厨房

动线使家务变得更轻松

住宅整体使用的是自然材料。
岛式厨房，可以边聊天边做家务。
（Bau House）

厨房内的储藏间不仅是食品仓库还是自家制酱工坊。（Bau House）

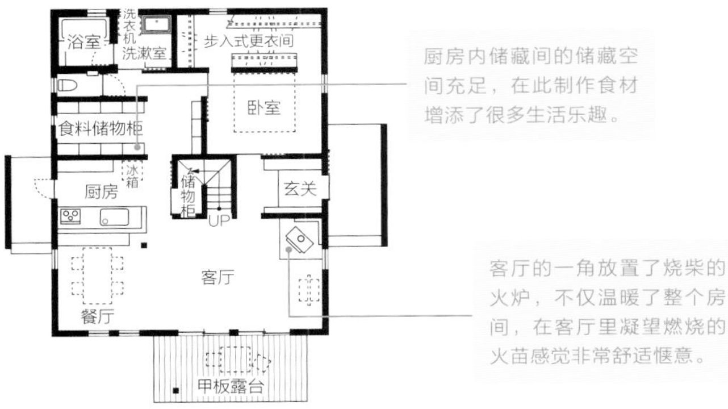

厨房内储藏间的储藏空间充足，在此制作食材增添了很多生活乐趣。

客厅的一角放置了烧柴的火炉，不仅温暖了整个房间，在客厅里凝望燃烧的火苗感觉非常舒适惬意。

厨房的设计理念是“家人聚在一起，其乐融融地做料理”。厨房里使用了大量的自然材料，充满了自然及温馨感。从厨房看餐厅一览无余，餐厅面向客厅，站在厨房就可以和客厅、厨房里的家人聊天。

厨房后面设置了储藏室。厨房、储藏室及家务用水区之间动线很短，因此料理和洗衣可同时进行，让做家务更加顺畅。日常生活必要的场所集中在一层，一天都可以在一层度过。二层为未确定使用目的的自由空间，今后的安排计划也让人期待。

19
阳台

确保阳光和良好视线的阳台

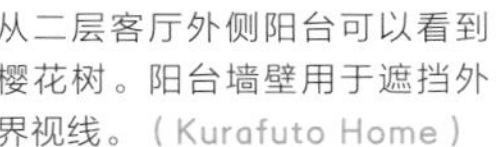

从二层客厅外侧阳台可以看到樱花树。阳台墙壁用于遮挡外界视线。（Kurafuto Home）

阳光从面向光庭的开口部恰到好处地照进来。这是在住宅密集区采光困难的条件下最好的办法。（Kurafuto Home）

中庭上方为挑空结构，这样即便光线不容易照到的二层里侧也能得到了良好的采光。

面向阳台的大开口部采用了框架结构。有利于室内的通风换气，也增强了房间的开阔感。

冰箱
食料储物柜
厨房
挑空
餐厅
UP
DN
客厅
露台

住宅用地位于与邻居家的距离不到 50cm 的住宅密集地区。住宅用地前方的散步道旁种有樱花树，景色很美。但是，由于过往行人过多，也是不利的一面。

房主的愿望“让来访的客人将欣赏樱花树作为主人的独特招待的方式”，于是在客厅旁设置了大型阳台。为了遮挡前方道路行人的视线，所以调整阳台高度，可以达到保护个人隐私的同时，又不会阻碍眺望。与房顶高度 270cm 相同的大开口窗户，冬季阳光照入时增强了节能效果。

住宅根据住宅用地的地形设计，南北细长型很难确保光线到达一层的里侧，因此通过设置中庭来解决采光问题。面向挑空结构的中庭设置窗口，也得到良好的通风效果。

20
露台

全观景的露台

露台上方长长的屋檐，下雨天时也能够让人愉悦舒适。美景如巨幅画卷一般在眼前展开。（Ra・Boruto）

住宅用地内有棵古老高大的樱花树。为了在房间内欣赏这棵树以及身处略高之处眺望远方时的景色，在此设置了宽敞明亮的露台。在露台上能够俯视美丽的城市和远方起伏的山峦，缓解一天的疲乏放松身心。屋檐探出很长，木制露台强调与水平线一致，雄伟壮观的景色好像被画框截取下来融合于室内空间。

长屋檐和带有倾斜度的屋顶，让室内和室外在空间上得到延续。外部景色直接与室内相连，增强了一体化感。内装使用大量的暖色自然材质，阳光透过窗户照进室内温馨舒适。

长屋檐与带有倾斜度屋顶的延续，强调内与外的一体感。窗边设置了狭窄小路。（Ra・Boruto）

住宅外观简洁，以黑色作为基调，樱花树给人深刻的印象。屋檐内侧粘贴的木板条也是值得强调之处。（Ra・Boruto）

21
露台

L型的露台活动自由

露台设置为L型。屋檐探出很长可以遮挡日照。孩子们可以在院子里和廊道上尽情地跑来跑去。（住工房style）

LDK使用当地的自然木材温馨舒适。带坡度的屋顶缓解压抑感。长屋檐恰到好处的遮挡住透过窗户的光线。（住工房style）

格栅门自然的遮挡外侧视线增添了日式的味道。（住工房style）

“希望家人的生活空间能够和周边环境以及地域的风土人情有效地连接在一起”，以此为理念而设计的一层平房建筑。露台和院子连接在一起，孩子们可以自由地跑来跑去，周围环境自然有效地融合在日常生活中，住宅也表现出不造作的风格。

住宅呈L型，在南西侧配置庭院。周边围上格子状的木板，保证院子和廊道的通风并保护了隐私。外墙壁采用易于保养的镀铝锌钢板。配以漆和格状板，以突出日式风格。

假日时在庭院里经常做烧烤来放松身心，这里还提供了与周围邻居交流的空间。住宅在与周围环境和地域交流的衔接上也发挥了重要作用。

22 廊道

在围绕中庭的廊道上

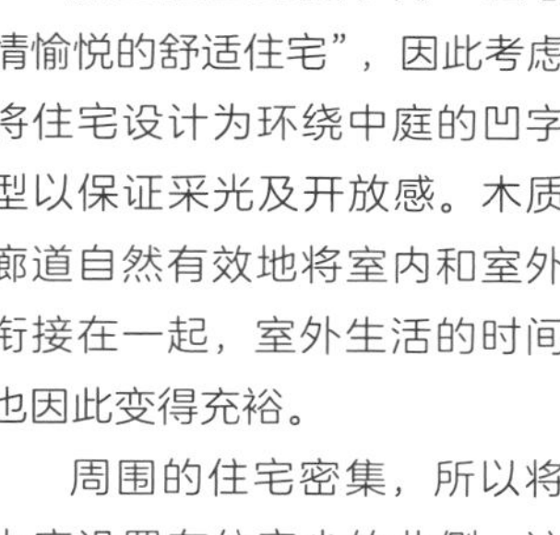

房主提出的要求为“让心情愉悦的舒适住宅”，因此考虑将住宅设计为环绕中庭的凹字型以保证采光及开放感。木质廊道自然有效地将室内和室外衔接在一起，室外生活的时间也因此变得充裕。

周围的住宅密集，所以将中庭设置在住宅少的北侧，这样柔和的光线能够从北侧照进室内。廊道的上方带有屋顶，即使雨天待在这里也不必担心，这也是此住宅的特色。还可以作为室外客厅，可以想象与家人在此团聚的幸福画面。中庭的对面是开阔的自然景色，坐在与廊道相连的客厅里眺望美景，心情愉悦。

廊道连接中庭和客厅。廊道上方带有屋顶让这里更加安心舒适。（Hosikawa工务店）

客厅面向中庭本应是墙面的部分，现设计都采用了大开口门窗。从北侧照进来非常柔和的光线，也不必担心来自外界的视线。

LDK很有开放感，窗外是中庭。楼梯没有竖板让视野更加开阔。（Hosikawa工务店）

23

中庭

拥有一面宽阔外观的临街中庭

中庭和住宅的生活感自然而然的得以隐藏，从住宅前方的道路无法直接观察到室内。（Jyuuken）

打开客厅朝向中庭的窗户，视线自然地伸向远方。（Jyuuken）

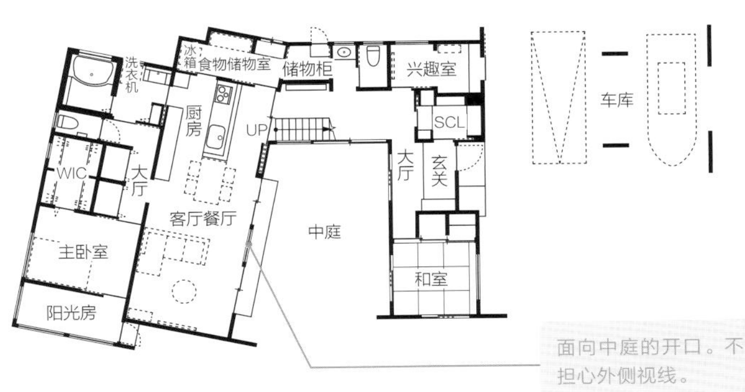

建房用地位于自然环境良好的郊外，面积约 460m²，非常开阔，为了能更有效地发挥这里的开阔性，住宅设计为环绕中庭的凹字形状。从客厅观望窗外的中庭和远方的景色非常舒畅。

通过设置中庭实现了房主所希望的通风和采光。光线从大开窗照进，打开窗户后和煦的微风通畅地穿过房屋。不必担心外面的视线，隐私空间得到保护。住宅用地的优点充分得到利用，房间也变得宽敞。中庭的使用方法多种多样，可以偶尔在此烤烤肉，也可以像在客厅一样在此放松身心，生活中增加了户外活动的乐趣，生活也被点缀得丰富多彩。

24

中庭

强调内外连续性

为了确保室内的隐私刻意缩小了靠道路一侧墙壁的开口部的尺寸，院内是非常宽敞的中庭。房屋环绕中庭而建，这样更强调出室外和室内的连续性。

光线通过中庭从不同的角度照射进来，置身室内可以感受全天不同的景色。大型门窗采用 LOW-E 玻璃，提升保温性能的同时还防止结露。由于不必担心来自外界的视线所以白天不需要挂窗帘。

在二层配置了具有私密性较强的 LDK，面向中庭的开口处使用了FIX窗户（固定窗户）并搭配了木质百叶窗，伸向外面的视觉更悠远，空间感觉比实际更加开阔。

居室围绕中庭，中庭私密性很高。一层和二层通行方便。（屿泽启工务店）

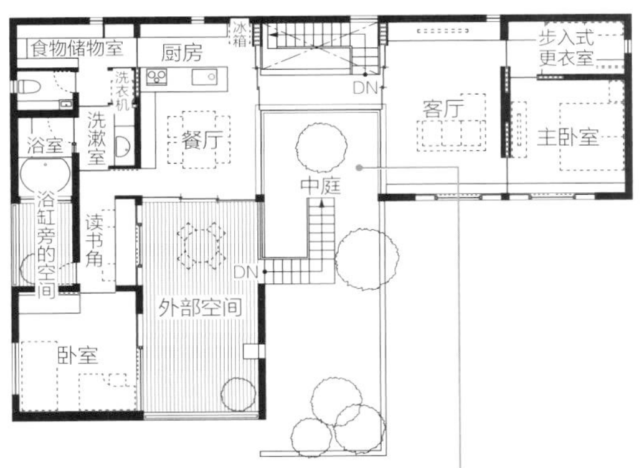

中庭有很强的开放感，居室面向中庭呈凹字型构成。

打开玄关门映入眼帘的中庭显得非常开阔。院中的枫树默默地告知四季的变换。（屿泽启工务店）

25 中庭

利用前庭和廊道采光

LDK面向廊道和中庭。厨房、餐厅及客厅呈直线。（寺岛建设）

与客厅相连的廊道。这里被围墙包围起来，不必担心视线，可以作为室外客厅使用。（寺岛建设）

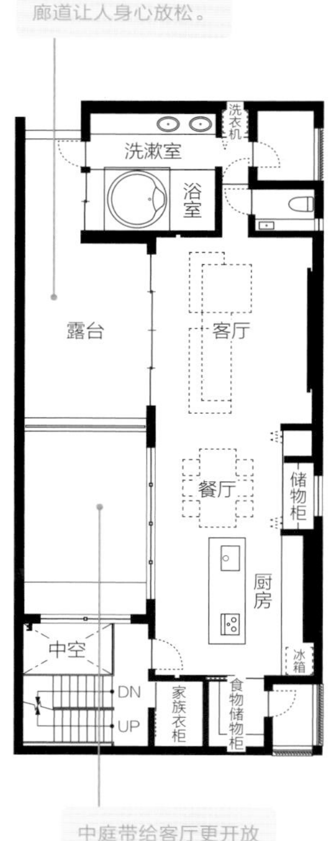

经常有客人来访的家庭，为了让主人及客人都有各自的私人空间而不相互妨碍，确保隐私空间的设计是不可或缺的。住宅用地与商店街相邻，为了能够安心地生活，住宅四周用围墙包围，一层配置前庭，二层配置廊道。

环绕住宅用地的围墙遮挡住外界的视线，通过前庭和廊道部进行采光及通风。面向外侧，视线开阔不受遮挡，中庭内的挑空结构将住宅整体连接起来，通过中庭及楼梯不管身处住宅的哪里，都能感受到家人的动向。“封闭”和“开放”两个相反要素的成功确立，让家人和来客都感到舒适惬意。

26
中庭

口字型的设计让距离感恰到好处

隔着中庭，客厅与母亲的居室相对。客厅屋顶的木板与中庭屋檐统一以强调连续性。
（田边工务店）

有层次地种植植物表现出远近感。透过格栅门若隐若现。
（田边工务店）

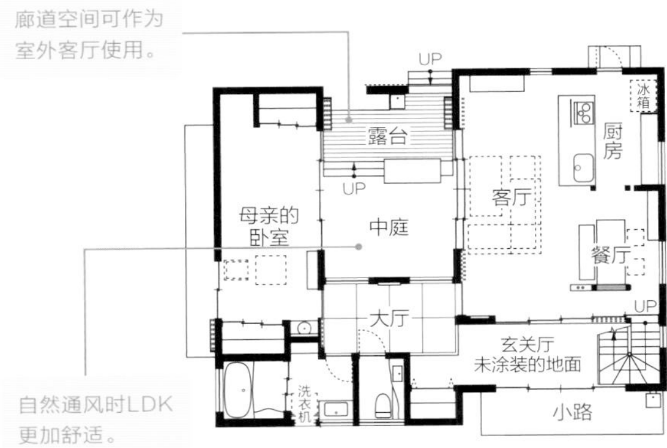

“从母亲的居室，以及客厅能够看到院子里的树木”“在院子里不用担心外界的视线”，因为有这样的要求，所以将住宅设计为环绕中庭的口字型结构。

把南侧设计为平房，这样到了冬季柔和的阳光能够照到中庭，中庭变得明亮又舒适。而且还能够利用外墙的反射光，让亮度适宜的自然光线也同时照进室内。

母亲的居室与客厅和中庭相对，距离恰到好处，这样相互可以看到对方的动向。在中庭内有层次地种植树木花草打造远景效果，感觉比实际更加开阔。中庭里还铺设廊道，设置LED 灯等增加了住宅的时尚性。

可以调节室内光线的中庭

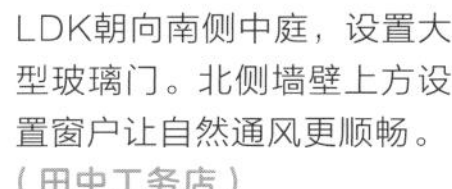

LDK朝向南侧中庭，设置大型玻璃门。北侧墙壁上方设置窗户让自然通风更顺畅。（田中工务店）

从LDK眺望中庭。因为从外面看不到客厅，白天不必挂窗帘。（田中工务店）

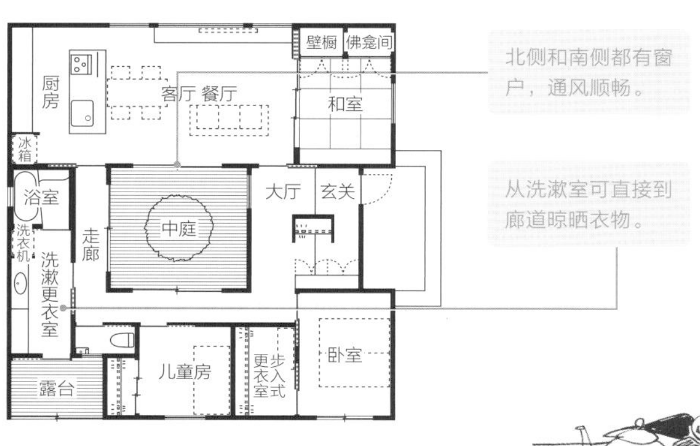

为了保证隐私空间，将中庭配置在住宅的中心。LDK朝向中庭一侧的大型玻璃门增强了开放感。LDK北侧上方设置高窗促进自然通风让住宅更加舒适。视线可以透过高窗延伸到远处，进一步增强了开放感。

中庭的四边设置屋檐，可对照入各个居室的光线进行调控。夏季尽可能地遮挡住强烈的阳光，到了冬季则尽可能地让温暖和煦的阳光照进室内。

环绕中庭的口字型结构，充分发挥了住宅的洄游性。从洗漱室可以直接走到廊道晾晒衣物，从而减轻了繁重的家务带来的负担。

28

中庭

直通房顶的落地窗让中庭容于室内

从中庭照进来的阳光让客厅格外明亮。1.5层高的屋顶，感觉比实际更开阔。（Dekkusu）

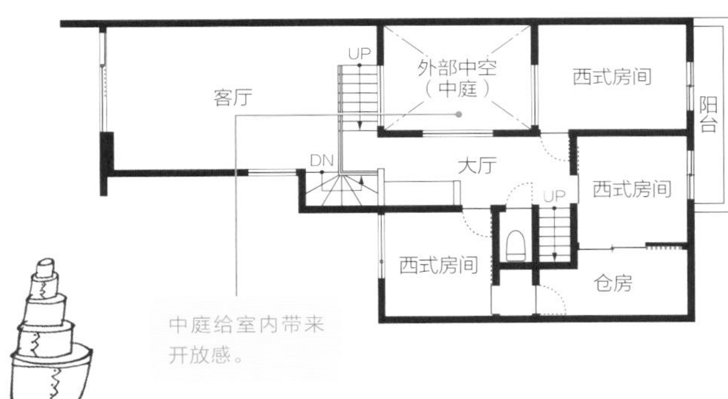

客厅屋顶的高度有 1.5 层高，好似度假酒店的格调。在面向中庭的一侧，落地窗占满整个墙面直达屋顶，让室内和室外自然地连接在一起从而变得更加宽敞明亮。虽然处在车水马龙的闹市区，却遮挡住了外部的喧哗，让整个空间能够更加优雅和宁静。

不仅是客厅，所有的居室都朝向中庭。每个房间可以从不同的角度观望中庭，在日常生活中感受四季的变化。小巧玲珑的中庭随着四季变化给各个房间增添了多彩的风景。日落后中庭的灯光和斑斓的夜色映射在窗子上，给房间增添了一份朦胧和温馨。

傍晚的餐厅。透过窗户观望中庭的景色，给室内带来不一样的氛围。（Dekkusu）

独立的洗漱室有利于保持清洁

作为家庭活动中心的客厅，洗漱室、浴室及儿童房这些日常生活必不可少的要素都集中在二层。而一层只有在外出和就寝时使用，所以家务动线非常紧凑。

洗漱室从更衣室独立出来，宽敞且具有特色。在浴室相邻的更衣室设置洗衣机并留有室内晾衣空间，这样洗漱室显得简洁不繁杂。

二层南侧设置阳台与更衣室相连，晾晒衣物非常方便。一层玄关设置小洗手池，孩子也可以在这里洗手。

洗漱室与更衣室分开并各自独立，整洁无繁杂感，客人使用起来也很方便。（Homestyling）

厨房
冰箱
客厅 餐厅
UP
洗漱室
阳台
衣橱
洗衣机
浴室
更衣室
DN
阳台

下雨天可以在更衣室里晾晒衣物。

更衣室与阳台相邻。

更衣室放置洗衣机。从这里可直接进出阳台，晾晒衣物非常方便。（Homestyling）

30 用水场所

从浴室到阳光房动线为一条直线

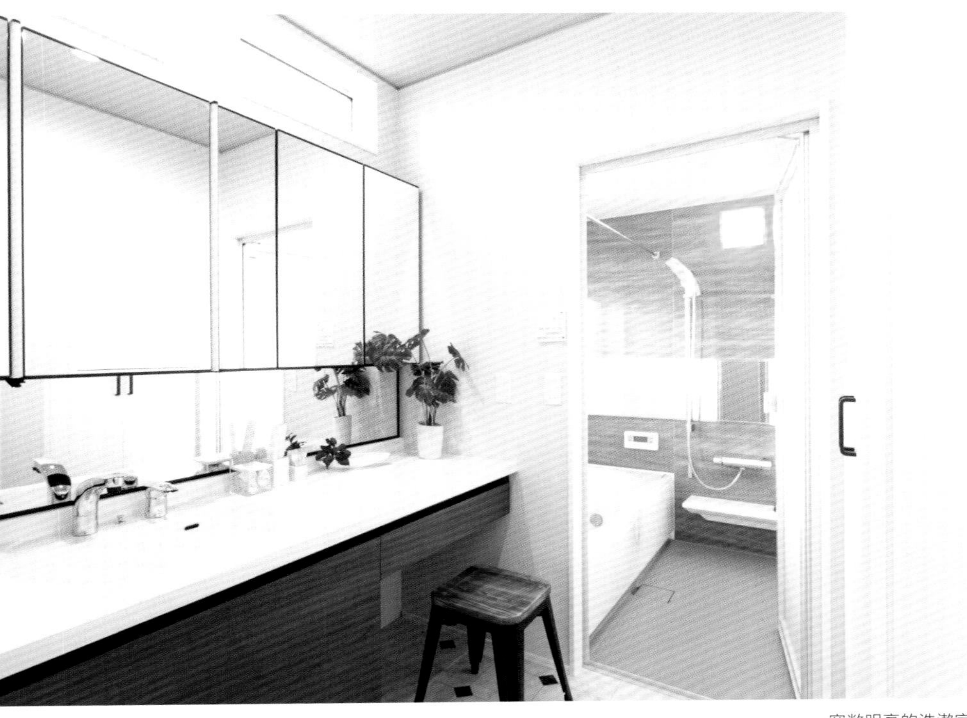

宽敞明亮的洗漱室。
吧台为人造大理石。
（Maisondesign工房）

从浴室经过洗漱室，洗衣机到里侧的阳光房动线处于一条直线上，让家务活也可以更加顺畅地进行。
（Maisondesign工房）

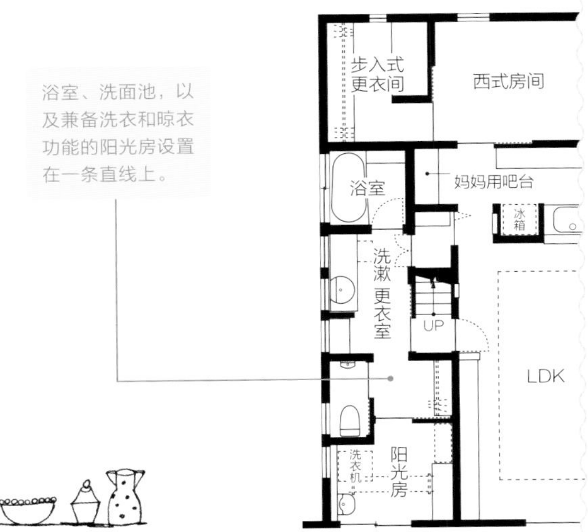

浴室、洗面池，以及兼备洗衣和晾衣功能的阳光房设置在一条直线上。

为了让住宅优雅美观并将隐私空间和生活空间区分开，从而让生活动线更加集中。因此家务用水区、浴室、杂用间，和兼有晾衣功能的阳光房都设置在一条直线上，让脱、洗、晾、收等一系列家务变得顺畅。

与简洁明快的家务用水区周围的空间相比，客厅以及相连接的开放式厨房则更具有色彩性和设计性。厨房为岛式，在客厅看不到厨房中间的操作台，即使客人突然来访也很安心。在厨房里面的一侧，在客厅看不到的地方设置了“妈妈用吧台”，方便妈妈享受自己的时间。

31 用水场所

站在客人角度设置的独立客用卫生间过道

由于夫妇两人是双职工，追求效率更高的家务动线。从玄关经步入式衣帽间，再从洗衣室到更衣室呈直线设置，这就让家务动线更加简捷紧凑。而且当有客人来访时，为方便自家人使用设置了里侧动线“中走廊”和自用卫生间。而客用卫生间设置在玄关附近。

从宽敞的玄关直接就可以到达步入式衣帽间，在客用卫生间设置独立的洗面池，这些都体现了设计方案中的灵感和智慧。这些方案的实现让家人和来客更加舒适，提高生活品质。

玄关附近设置客用卫生间，并在卫生间内设置洗面池。（村田工务店）

步入式衣帽间、洗衣室、更衣室、浴室呈直线连接。（村田工务店）

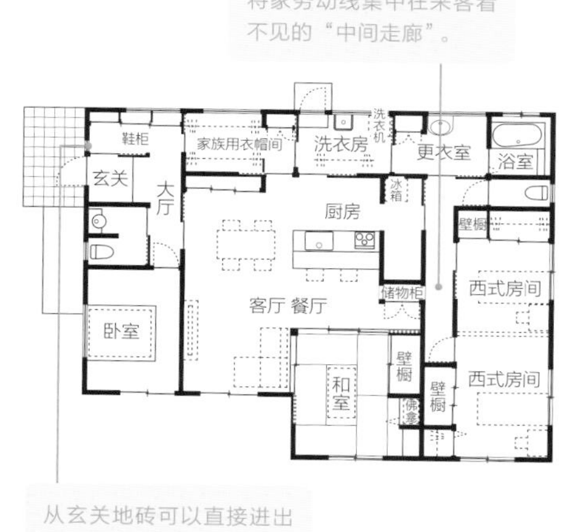

32 用水场所

窗户朝南的更衣室也可以晾晒衣物

宽敞的更衣室还可以用来晾晒衣物，这个设计非常适合寒冷地区。（Sanpuro）

更衣室和浴室用玻璃窗拉门隔开。更衣室内宽敞明亮可用来晾晒衣物。南侧为大开口型玻璃窗，阳光充足。在这里小憩非常舒适。

透过拉门玻璃窗可以看到浴室，浴室使用绿色格调设计显得很宁静。也实现了房主所希望的营造身心放松空间的愿望。

玄关附近设置洗手池和卫生间，便于客人使用。（Sanpuro）

33 用水场所

利用家务用水区周围的空间定做储物架

将卫生间、洗脸台及洗衣机放在同一空间。洗漱室内杂物多显得杂乱，预先设计好收纳空间并定做了相应的储物架。恰到好处的自然光线透过窗户照进来使洗漱室有足够的亮度。储物架温馨简洁，纯木制地板，在这样的环境里做家务也很开心。

洗漱室内储物架是定做的，杂乱的物品变得井井有条。（小野寺工务店）

厨房前面设置略微高出地面的榻榻米空间作为餐厅使用。（小野寺工务店）

34
挑空

室内铺设地砖，营造传统街道的商家风格让人身心放松

参考京都街道的商家，LDK 铺设地砖。儿童房设置在二层，高高的挑空直接与二层相连，缩短了家人之间的距离感。刻意将照明的数量控制到最低，营造亲密氛围突出私密感觉。提供了让人身心放松的空间。

为了让住宅整体更加舒适，选用了纤维素保温隔热材料提高建筑整体的功能性。挑空的上方配置换气窗，夏季时可以排放热空气。冬季使用烧木材的火炉，温暖舒适，营造出温馨的复古氛围。

LDK上方为挑空结构，下面铺设地砖。墙壁铺设天然的庵治石，整体空间呈现出复古氛围。（旺建）

地砖空间通过挑空直接与二层相连。拉门里侧铺设地暖装置的地板。（旺建）

玄关直接与餐厅、厨房以及挑空结构的客厅相连。

35
挑空

光线从高处的窗户照进来，让挑空空间更加明亮开放

挑空结构的LDK和上层舒缓地连接在一起，让此处成为住宅的中心区域。光线从朝南高处的大开口高窗照入，光线充足，白天没有必要再使用室内照明。高低差配置的窗户让通风更顺畅，住宅整体变得更舒适。在岛式厨房里做饭时，视线可以向上方延伸，做家务时心情更加开放。

光线透过挑空上方设置的大窗户照射进来，完全不需要屋内照明，通过挑空整个房间都被照亮。（济田工务店）

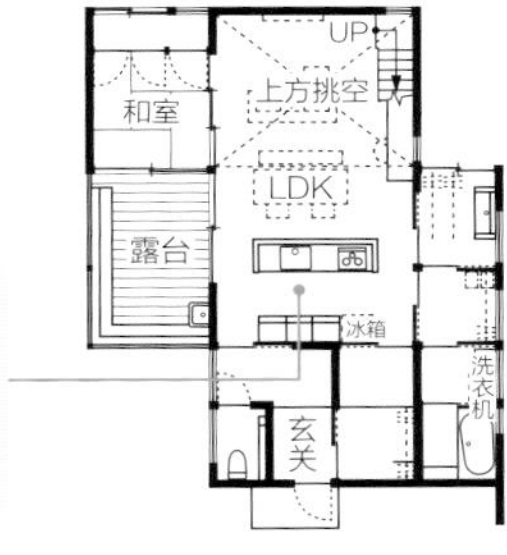

LDK一体化的开放空间。站在厨房里，视线能够向客厅和客厅上方的窗户伸展。

36
玄关

大开口的玄关正对私人花园

为了保证个人隐私，在住房的中央设置中庭。居室面向中庭，确保开放感和隐私。

进入玄关首先让人震撼的是朝向中庭的大开口玄关厅。挑空结构空间里的亮点是现代风格的钢骨楼梯。透过窗户眺望隐私性非常高的中庭，种植的植物叶子的颜色带给室内四季不同的景观变化。

玄关面向隐私性非常高的中庭，其非常大的开口部带给人震撼的开放感。（岛泽启工务店）

面向行人较多的临街侧的墙壁窗户的数量很少，以保证个人隐私。（岛泽启工务店）

玄关与兼备走廊的壁橱相连

夫妻二人为双职工每天忙于工作，他们对住宅提出的要求是相互尊重隐私的同时可以感受到对方的动向。以“阳光、相系”为理念，旨在营造出让夫妻及孩子更舒适的生活空间。

打开玄关门，上方为挑空下面是地砖。地砖直接与走廊相连，因为这里设置了能够随手放置家人衣服的共用壁橱式衣柜，非常便捷。可以想象家人在这里日常轻松会话的一幕。

玄关处还栽种了一棵树，有效地将挑空结构的住宅整体连接在一起。通过挑空能够自然而然地感受到家人的动向。

与玄关直接相连的走廊兼备储物功能。里侧配置洗漱室。（JED 设计/anco.labo）

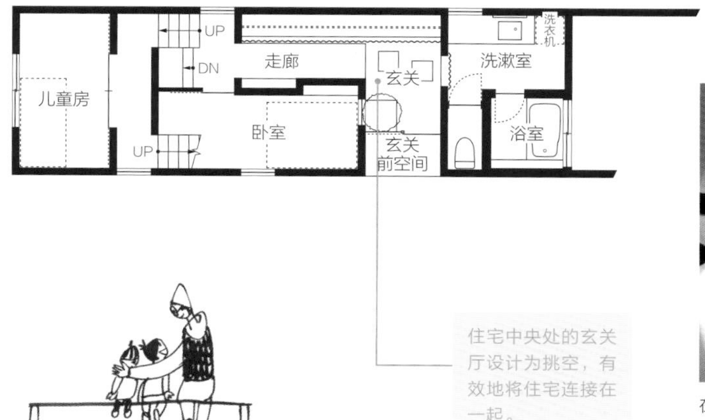

住宅中央处的玄关厅设计为挑空，有效地将住宅连接在一起。

在玄关处种植树。作为象征树期待它茁壮地成长。（JED 设计/anco.labo）

38
玄关

玄关地砖作为分割「ON」「OFF」的界限

住宅设计旨在追求空间纵深，留有“间隙”和“余白”。虽然大多数玄关厅受空间所限，容易给人闭锁的感觉，但此处的玄关大开口门窗配以非常宽敞的地砖，不同于一般的玄关营造出非日常空间。作为庭院师的房主继承了祖辈的传承，其创作灵感被展现在庭院，在玄关地砖处休息的地方就能看到庭院。

细长的地砖部分一直延伸到里侧的客人房。由于进出客人房只能经过这里，虽然同在一栋住宅中却又感觉与其他房间分离开来。地砖部分在住宅中属于“外”部存在，可以把它作为空间的开关转换“ON”和“OFF”。

在玄关厅处大胆地设置开口。地砖与里侧的客人房相连。（Noa建筑设计）

连接玄关和和室的地砖。

客人房与其他房间分隔开。

从玄关地砖地面处进出的客人房间，感觉如同在一栋住宅里的独立王国。（Noa建筑设计）

39 玄关

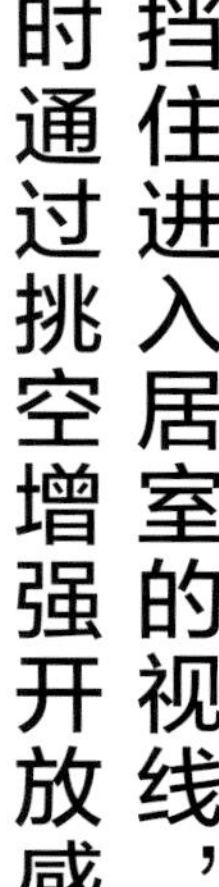

遮挡住进入居室的视线，同时通过挑空增强开放感

玄关厅容易给人封闭狭窄的感觉，将其设计为挑空可以增强开放感并强调了与居室的一体感。为了避免来客的视线直接朝向居室，但同时能感受到纵深方向的进深深度。客厅、餐厅、厨房、楼梯通过挑空的衔接方式使整个空间融为一体，家人之间也能够感觉到彼此的动向。

视线朝向挑空，玄关厅显得很有开放感。非常自然的挡住朝向客厅的视线。（Bau house）

挑空衔接了一层的所有房间，从而可以直接感受到家人的动向。（Bau House）

40 玄关

装饰墙及用绿植装饰的玄关口

住宅外墙的涂装是简洁常见的样式。外墙的一部分选用了经过涂装的亮色板材，增强住宅整体的装饰效果。这里的外墙与绿植可以非常自然地遮挡住来自外界的视线。紧凑简短的玄关通路美观实用，让人外出归来时的归属感倍增。

玄关周围用外墙自然地遮挡住外界的视线。古典风格的玄关大门也是点睛之处。（滨松建设）

鞋柜和玄关厅并列设置。从玄关到家务用水区的动线也很紧凑。（滨松建设）

41 玄关

木制竖格墙和木板的内侧屋檐让玄关周围看上去温馨协调

用白色外墙外观简洁明朗，玄关周围使用木材装饰。由于是行人较多的区域，考虑到保护个人隐私，在玄关大门的前方设置木制竖格墙。这与木板内侧屋檐相配，让玄关周围很协调。

在玄关不脱鞋沿着地砖可走到壁橱，便于外出归来时整理鞋帽。玄关附近也可以一直保持干净整洁。

玄关周围使用木制竖格墙遮挡住外界视线。屋檐内侧粘贴木板让人感觉温馨。（枫工务店）

家人回来后首先走到右侧的壁橱。客人和家人的动线分开，玄关周围干净整洁。（枫工务店）

42 外观

凹进式玄关，增加纵深感

西侧朝向大路，外墙选用防污性能强的陶瓷壁板。选择黑色基调，精致神秘有酷感，墙壁的一部分选用木纹材，颜色使用非常醒目的基底起到了装饰效果。

玄关凹进式设计采用直线设计法为外观打造出纵深感。玄关厅面向内院的窗户为整体玻璃窗，增加室内亮度。

外观采用直线设计法，墙面选用黑色，精致有酷感。凹进式玄关增加了纵深感。（SARAHOME 樱建筑事务所）

光线透过玄关厅，使面向内院的窗户照进来房间变得明亮开阔。（SARAHOME 樱建筑事务所）

43 外观

车库选用色调一致的石头贴面看上去更高级

房主经常回家较晚，为了不影响家人休息，除了正面玄关外，在车库与客厅之间也设置了玄关以供进出。同时在女主人上下车的位置设置了房门，这里与食品库及厨房的动线连接。

车库外观选用色调一致的石头贴面，玄关选用瓷砖和镜面，黑色门彰显豪华感。打开房门，纯白色的玄关厅干净得常常让到访的客人震惊。

传热到地板、墙壁、屋顶6面的暖房，同时采用外断热FB工法，实现了兼备装饰性和舒适性的住宅设计。玄关厅即使在冬季也很温暖，作为迎接家人回家和客人来访的空间让人身心舒畅。

具有高级感的石头贴面和白色的外壁以及单向倾斜的屋顶看上去很时尚。（北信商建 北信house）

车库为46m^2，上下车时不必担心旁边的车。在车库内两个地方设置了副玄关直接与室内相连接。（北信商建 北信house）

纯白色的空间里通过地砖的阴影效果及间接照明来增强装饰感。（北信house）

Chapter3

焕然一新的我爱我家——报告集锦

老住宅具有其独特的岁月沉淀的味道和风格。发挥老住宅的个性，精心改造让老住宅获得重生。在此对住宅感性认知的过程以及房屋改造后居住者的心情进行了调查。

RENOVATION 01

跃层的儿童房和LDK平缓地连接在一起

空间的可能性的诞生 earth（东京都）

建立客厅与儿童房恰到好处的关系

客厅通过跃层楼梯与儿童房相连。由于阶梯差的存在使得与各个房间的距离感恰到好处。

房主购买了内藏单间的 3LDK 的中古楼房。希望能够打破老楼房的压抑感并增加空间自由度。

在商讨关于改造设计时，房主希望在能够保证个人空间的前提下，各个房间舒缓相连。房主说由于以前这里昏暗且通风不畅，造成有的房间容易产生霉菌，所以想让各个房间互相连接，以便利于采光和通风。另外，房主的兴趣爱好是室外活动，希望设置大容量的空间存储这些室外用品。

针对此要求采用带有跃层式的格局。在平坦的楼房中特意增加两阶楼梯。具有开放感的 LDK，通过楼梯与儿童房相连，儿童房内也设置窗户，以便利于采光和通风，虽然在自己房间里，但是家人总是能够感受到相互的动向（P67）。而且房间的照明装备充分，将来完全可能分割成两间独立房间。

Living Dining

客厅 客厅里容纳着地板高度不同的儿童房。设计师非常大胆地对纵向空间进行改变。

明亮的LD的两面墙上带有窗户

开放空间内客厅与餐厅相连。LD整体色调含蓄，选择蓝色沙发作为点缀。

取放不便的地板下方的储物死角问题的解决方法

取下固定阀楼梯改成能够向前滑动变成抽屉。用来收纳户外用品和防灾用品。

甚至对照明和小摆件的设计性也严格要求

女主人从事过服装设计类工作，重视设计式样，对装饰和照明的细枝末节都特别用心。

楼梯下方可作为储物空间。楼梯储物为抽屉式，室外用品可以轻松放进去。取放不便的死角问题迎刃而解。

一方面，将主卧室划分缩减到仅够睡觉用的大小，缩减出来的地方铺地砖用来放置自行车。鞋柜和开放式橱柜都是定做，而且空间足够充裕可以放置长椅，用于穿装或者小憩。地砖旁边的主卧室和儿童房一样，为采光和通风设置了室内窗和通气口。与墙壁一体化的主卧室门是定做的，关上后作为走廊的延长线显得很简洁，每个细节考虑得非常周全。所有房间的采光和通风做得都很到位，消除了楼房特有的昏暗潮湿的不快感，整个房屋非常舒适，房主对住宅的舒适程度非常满意。

L型系统厨房功能性强动线简短

餐桌是将古董级的桌子经过翻新再利用，也可以作为操作台使用。

Dining & Kitchen

开放式厨房。以餐桌为中心，通过两条路实现洄转动线。

冰箱两侧的隔板具有统一的效果

预先决定冰箱位置，配置用来遮挡视线的隔板。作为走廊的延长，干净整洁。

地板具有极佳木质触感

地板在材质上选用LIXIL公司的Rasissa 地板中最明亮的Clie white F系列。不容易产生伤痕，有污垢也不明显。

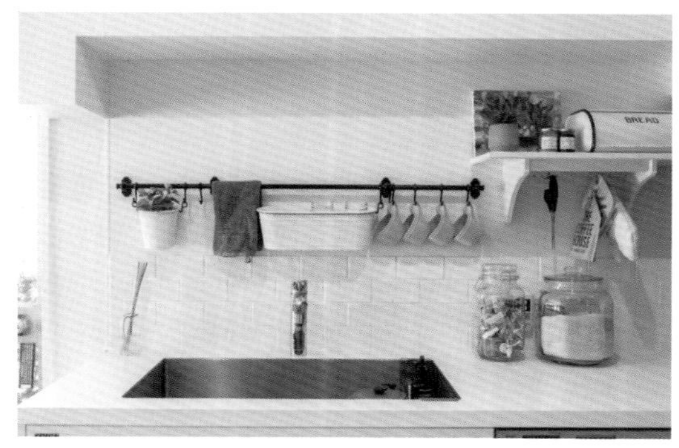

厨房基调为具有清洁感的白色

室内用单色调统一，厨房壁面粘贴趋近纯白色的瓷砖。接缝处也使用白色精心处理。

Private Room

客厅内纵向上与儿童房相连，横向上与家务室相连。
共用空间和个人房间绝妙相连且互不影响。

个人房间

细致划分空间，创造出隐私空间

上/从客厅迈上2阶楼梯是儿童房。下/长子房间里侧是女主人的工作室。面向阳台利用采光设置了晾衣竿。

打通墙壁上方增强整体的连接感

上/长男长女的房间，左右对称的设计，将来设置隔墙可以变成2个房间。下/打通面向阳台一侧墙壁上部，以保证采光和通风。由于视线可看到外面，强调了纵深感，在视觉上具有更宽更远的效果。

Bed Room

卧室

缩减到仅够睡眠的主卧室小巧紧凑。利用相邻儿童房的床铺下方空间作为壁橱。

主卧室的墙壁包含了走廊墙壁

主卧室门一直到达屋顶。与走廊墙壁成为一体，与墙壁成为一个平面。

设置室内窗及通气口让空气流通更顺畅

在与相邻的儿童房墙壁上方设置通气口。墙壁的一整面贴灰色壁纸，起到装饰点缀的效果。

Sanitary

卫生间非常时尚，每个物品都严格挑选，
装饰上充分体现着夫妻的审美观。

卫生间

小窗户传递动向

卫生间的小窗户传达里面的动向，面向走廊的卫生间墙壁上方设置小窗户。光线能够进入，感觉上会宽敞一些，由于小窗的存在，能够感受到里面的动向。

有一面墙选用风格不同的壁纸，展现房主的情趣

壁纸带有图案，是房主精心挑选的。采用LIXIL公司的pureasu坐便器。

室内物品都非常精致，而且具有统一感

对镜子、洗面池、水龙头水管、手巾杆、水杯架等物品严加挑选，十分重视设计性。照明设备选用船舶用灯具。

Entrance Hall

玄关

玄关厅很宽敞，在地砖地面部分放上鞋柜和长椅仍然还有富裕的空间，鞋柜是定做的，长椅供小憩。设置窗户保证光线充足不潮湿。

充满了让居家生活更加舒适的技巧

设置开放式壁橱可收纳外套。这样就可以不必特意回到自己房间脱换衣物。

玄关铺地砖
砂浆墙壁

玄关边侧留有充分的地砖空间用来放置自行车。房间内无法进行的DIY也可以在此进行。

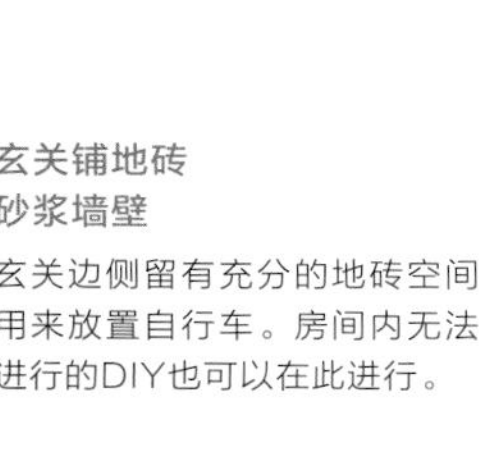

[空间可能性的诞生] 格局

在没有台阶差的楼房设置跃层楼梯，
大幅度增加储物空间

After

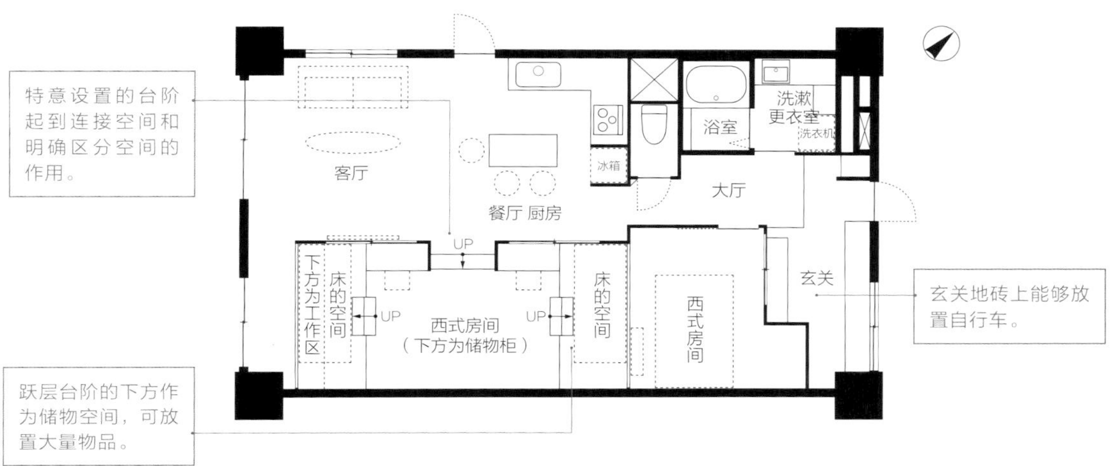

家庭构成/夫妇+两个孩子 面积71.19平方米

Before

RENOVATION 02

从祖父世代传承下来的庭院，如同欣赏一幅画

庭院美术馆 CONY JAPAN Spaceup 堺泉北店（大阪府）

窗户像画框一样将室外景色尽收眼底

坐在沙发上眺望电视方向，透过窗户绿意盎然的庭院景色尽收眼底。

将LDK设置在住宅西南方向面向庭院

因为孩子的出生对一直没有使用的老家住宅加以改造，以便离丈夫父母住得近一些。正房和厢房被门房和围墙包围，建房用地有极好的隐私性。南侧和西侧是从祖父辈传承下来的日式庭院，优美宽敞，四季变换的风景让人赏心悦目。

房主对于改造有一点要求，即在房间内能够像欣赏一幅画一样地眺望到庭院美景。以前厢房的各房间分割过细，所以取消隔断，在面向庭院的西南侧设置 LDK 作为生活中心。客厅有 16 叠（$27m^2$）榻榻米大，好像截取庭院的一部分一样设置开口部，而且厨房餐桌及沙发都朝向庭院配置，这样从每一个位置都能够欣赏到美丽的庭院。

Living Room

客厅 房间分割得过细，拆除其中隔断将客厅连接成一间。大开口的窗户可以欣赏到院子，室内也非常明亮。

让人安静舒适的自然素材

客厅地板为黑樱桃木，让人感觉很自然。墙壁和屋顶为米白色的硅藻泥。

如欣赏一幅画一样地欣赏庭院景色

增加墙壁厚度可以遮挡窗框和窗帘的滑轮等配件。屋顶中设置嵌入式投影幕。

隐藏窗框让庭院看起来更美

为了让庭院看起来更美，在开口部的设置上也很讲究。增加窗户周围墙壁厚度让窗帘盒与墙体融为一体，还可以转移停留在窗框的视线。而且照明和空调都嵌入屋顶中，没有了凹凸不平，庭院景色看起来如同一幅画卷一般。设计时做到不破坏庭院的氛围体现现代日式风格。充分发挥黑樱桃木地板和硅藻泥墙壁等自然材质所具有的朴素性。女主人很注重厨房的设计，厨房背后是宽阔的储物间，可以用来存储食品和厨房用小家电。隐藏生活感十足的杂物让房间显得井井有条。男主人说，“设计和预想的一模一样，感谢设计师和工匠们的努力，让我们对美丽家园充满爱恋”。设想大胆，庭院风景得到充分借景，在细节上也处理得细致到位，是一个非常成功的改装案例。

Kitchen

厨房

厨房以白色为基调，后面的储物间可收纳小家电和小物品。从厨房到洗漱室的动线很短，便于做家务活。

宽敞的厨房储物间里连家电都能够收纳

厨房吧台的后侧设置了宽敞的储物间。
物品摆放的一目了然，收取方便。

厨房物品集中储藏

厨房后面设置的储物间用来收纳各种物品。
关上储物间门后，就可以遮住杂乱的物品。

厨房以白色作为基调很简洁

精致简洁的厨房，LIXIL公司出品的产品
非常适合这种简洁设计。

Dining Room

原来和室的位置改造成厨房与餐厅相连，准备饭菜和收拾餐桌都很顺畅。

餐厅

面向美丽庭院的明亮餐厅

家人聚集在此欣赏美丽院子，享受幸福的时光。餐厅窗户的下方设置长椅，可以坐下来休息。

透明推拉门衬托有开放感的书房

在南西侧增建了一个房间，作为男主人的书房。客厅一侧的树脂玻璃推拉门装置让空间显得很宽敞。

窗户很大可以充分地欣赏美丽庭院

为了更好地欣赏庭院，对于窗户的位置和尺寸进行了精心的测量。将灯具和空调全部嵌入屋顶里让视觉效果更佳。

Rooms

个人房间

东侧西式房间与和室作为主卧室和儿童房等私人区域。从儿童房里同样也可以观望庭院。

在学习的同时感受庭院美景的四季变化

在窗户下面设置吧台取代桌子。窗户周围采用蓝色增加纵深感。

External Appearance

为了借日式庭院的景色，对窗户进行精心的设计

开阔的建房用地被围墙包围，院子是由祖父一手修建的美丽的日式庭院。这次改造的课题是如何借美景于室内。

被院墙包围的建房用地之内，父母居住在与偏房相连的正房里。南西侧是祖辈传承下来，经历了半个世纪的美丽开阔的庭院。

外观

Sanitary

家务用水区

洗漱室靠近厨房让家务活更加顺利便捷。卫生间采用拉门以节省空间。

洗漱室内有充足的储物空间

洗漱室兼备更衣室，储物吧台足够宽敞能够在此熨烫衣服，使用起来非常方便。

玄关储物的拉门和卫生间门可兼用

玄关鞋柜和卫生间的门可对拉。节省空间消除压抑感。

[庭院美术馆]格局

拆除室内原有划分各个房间的隔断。
将生活中心的LDK设置在面向院落的西南侧

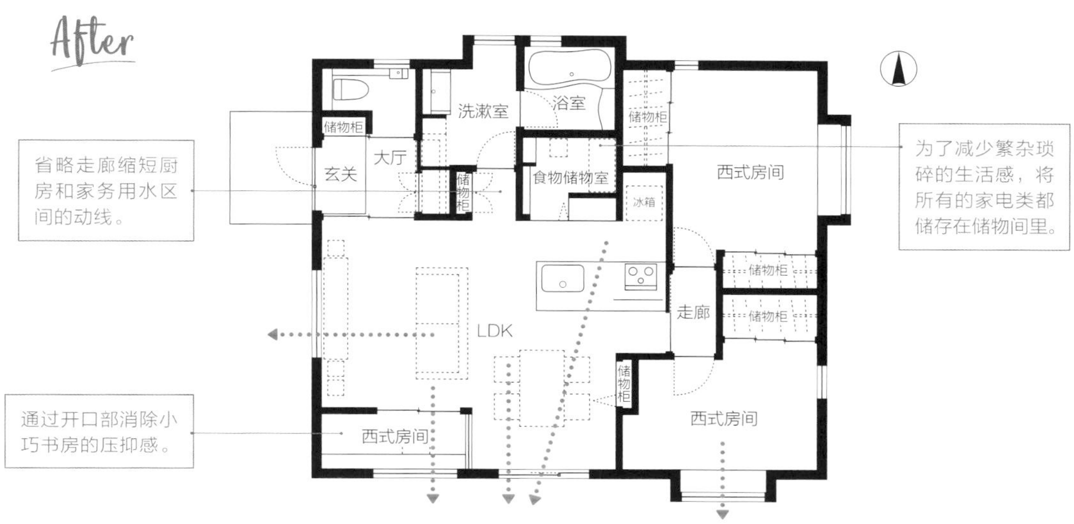

家庭构成/母亲+一个孩子 建筑面积/76.9m² 合计76.9m²

RENOVATION

03 具有通透感的书架和楼梯成为客厅的点缀

大家庭的住宅 Ronden Atelier（广岛县）

拆除分割过细的隔段宽敞的LDK诞生了

把原有2间房间相连作为非常宽敞的LDK。一整面墙壁改为玻璃窗，空间变得更加明亮开放。

住宅的中心是宽敞明亮的LDK

继承父母建成的经历了 30 年的老住宅，由于年久失修到处都是历史的伤痕，身为长女的妻子一家打算与母亲共同生活，就发现了房间在储物和功能方面存在着各种各样的问题。为了让家庭所有成员都能够舒适地生活，于是决定改建老房子。家人的愿望是在房间内留下对已逝父亲的美好回忆，所以设计方案也以尽量不改变房间的格局，以保留老房子的印象为基础开始进行施工。走访了几家公司后得到的结论为，连接厨房与佛堂的和室，就足可以感受到老父亲的存在，最终与 rondon atelier 公司签约进行改建。

老房子厨房和客厅动线分开功能性很差，最大的烦恼是物品摆放杂乱。对此，拆除曾经划分得过细的房间隔段，改为宽敞的 LDK。从厨房到餐桌，家务用水区周围的动线紧凑，做家务也变得顺畅。容易散乱的餐具和小物品，放到厨房后面大容量储

Living Room

拆除厨房与客厅之间的隔段LDK成为一个空间。
定制打造的楼梯和书架让空间变得宽阔。

客厅

充足的阳光照进客厅带来光明

拆除屋顶下面的阑额（和室中拉门和屋顶之间的小窗户），设置2.2m高的保温隔热窗扇。阳光能够充分地照入室内，空间整体变得明亮。

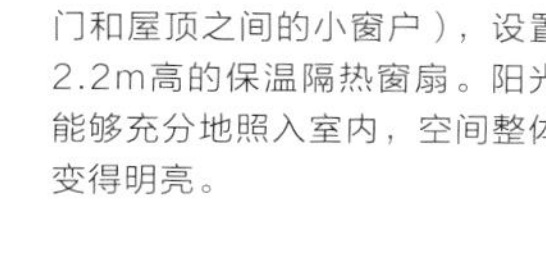

二层的光线经由挑空结构照到一层楼梯

楼梯两旁的书架好像图书馆一般。二层光线和风经由楼梯的挑空部分到达这里。

定制的拉门让空间更加宽敞

进入玄关映入眼帘的定制拉门，拉门上方是聚碳酸酯材质的半透明窗，让人感到既明亮又宽敞。

物架中，房间也显得井然有序。充足的阳光从南侧窗户照进 LDK，室内颜色统一为白色，自然和谐。窗前是宽阔的露台地板，也可以用作第二客厅。

无挡板的楼梯让空间更加明亮

在实施以 LDK 为中心的计划时，由于受房间结构的限制，LDK 中央的楼梯无法移动的问题迎面而来。于是，将楼梯换成没有竖挡板的楼梯，同时在楼梯两侧设置了书架，因为视线可穿透开放式的书架，这样就明显减轻了空间的压抑感。木板结构的楼梯与书架组合在一起，如同艺术品一般成为客厅最靓丽的一道风景，同时从二层窗户透进的阳光和风恰好程度的通过这里，让客厅更加舒适愉快。不论在哪个房间，都能够听到孩子们游玩的声音。对三代共同居住在一起来说是非常理想的住宅。

Dining & Kitchen

岛式厨房与餐厅一体化。
可以边与家人谈笑风生边享用美食。 餐厅厨房

开放式的书架非常抢眼

从厨房透过书架可以看到LD。在里侧的和室里摆放着祭奠父亲的佛堂。

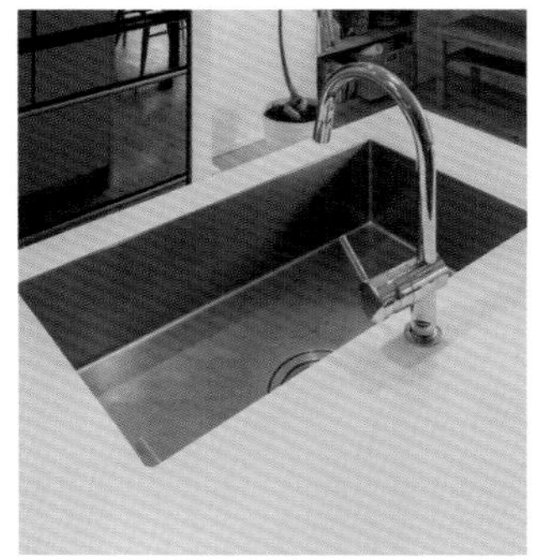

与室内氛围相融的简洁的厨房

结合室内设计的风格厨房选定为白色。四方的水槽很适合空间氛围。

通风及采光让人舒适的DK

再加上厚15mm的衫木地板，无法撤掉的承重柱重新打磨涂刷过。

为了更愉快的会话交流，改变了厨房位置

原来的厨房在墙角感觉比较封闭。现在可以与家人愉快的交流，同时还不耽误做家务。

Entrance Hall

玄关 也被称为住宅入口的玄关，在位置上没做改变，重视汲取从窗户照入的光线及玄关的亮度。新设置了储物柜。

重视采光让玄关具有开放感

玄关设计时注重改善采光。储物柜的中间和下方保留出空间，消除空间压抑感。

Sanitary

家务用水区 原来的洗漱室十分狭窄，所以拆除后门进行增建。空间的面积得到了保障，新增的储物柜也让空间整洁焕然一新。

考虑做家务的动线设置洗漱室

改造后的洗漱室入口靠近厨房，从厨房到洗衣机的动线更加顺畅了。

Details

细节 白色墙壁配合纯木地板，非常适合这种自然的设计。开关操作板的选择也很讲究。

简洁复古风格的开关操作板

开关操作板也是严格挑选的。使用金属管隐藏暴露在墙外的配线。（如右图所示）

[大家庭住宅]格局

房间格局基本上没有改变，一、二层重新全面设计。
楼梯两旁为开放式书柜

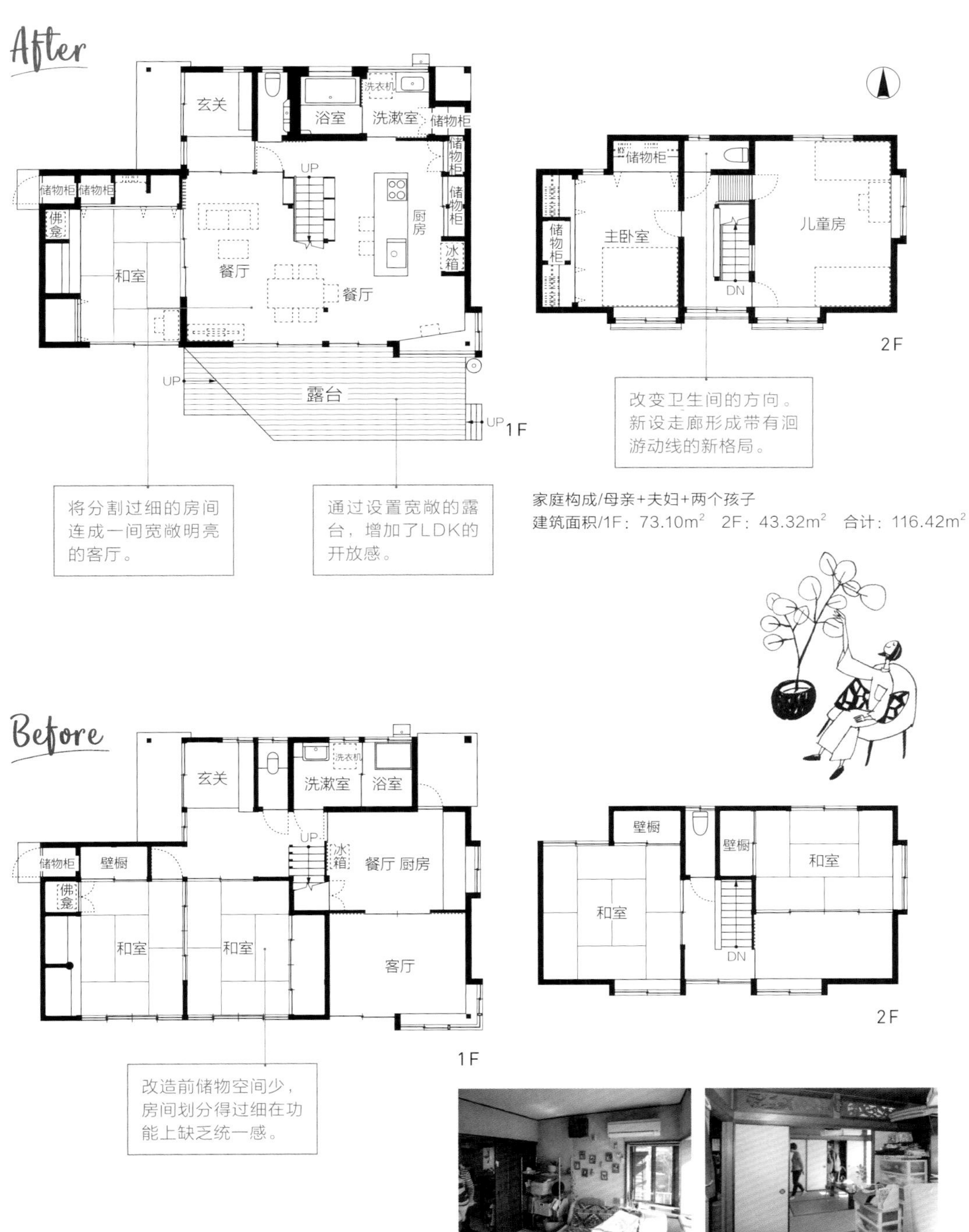

Chapter 4

让住宅更加舒适的设计技巧
从大规模改造到细节的设计

结合设计实例，介绍如何让住宅更加舒适愉快的设计技巧。

01
LDK

通过拆除房间让LDK面积达到48㎡

客厅注重照明效果。ecocarat环保控温的墙板和树脂板的隔墙具有扩散光线的效果。（Antooru）

在厨房边做家务，边同客厅里的家人聊天。（Antooru）

拆除隔墙变成客厅和书房。

使用不方便的两间居室。

对于在空间上受限制的楼房，由于共同生活的家庭成员发生变化，因此决定重新设计。

为了让夫妻二人世界更加温馨舒适，拆除了使用不方便的和室，以及造成北侧西式房间昏暗的隔墙。拆开之后的LDK达到48m^2且视野开阔，感觉上比实际更宽敞。从厨房可以环顾客厅，看电视做家务两不耽误。

对于邻接客厅的5m^2大书房之间的隔墙，优先与客厅相连接这一面，隔墙采用一直达到屋顶的树脂墙板。电视机背景墙为LIXIL公司的ecocarat环保控温的墙板，这两种墙板都具有扩散光线的效果，让空间变得更加明亮。

02
LDK

通过间接照明增强纵深感

电视柜上方设置间接照明增强纵深感。因为灯光柔和不耀眼，尤其在夜晚营造出可以充分放松的氛围。（树之家工房松谷建筑）

电视柜具有良好的收纳性让房间显得很简洁。（树之家工房松谷建筑）

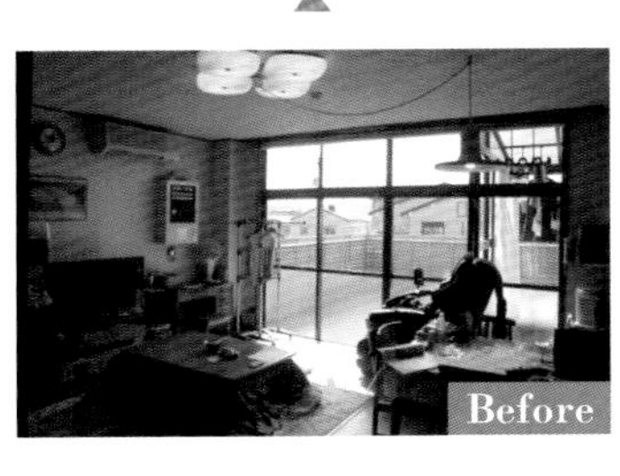

由于储物空间有限，以前的客厅总是显得杂乱。

从前靠墙角一侧的厨房现在改为岛式。在厨房里可以随时与餐桌旁的家人进行交流。（树之家工房松谷建筑）

柔和的间接照明让客厅变得更加温馨。作为电视机背景墙的ecocarat 环保控温的墙板恰到好处地扩散灯光，产生的阴影在视觉上加深了房间的宽度。屋顶吊灯的亮度可以进行适度调节，晚上也可以在此充分地放松。

建筑年数有 47 年的三层建筑原本作为店铺和住宅两用。关于改建，房主希望将厨房与客厅连在一起，并尽量缩短做家务的动线。于是把以前的门槛拆除，地板保持与室内同样的高度，实现无障碍化，这样也方便打扫卫生。作为夫妇两人的LDK 非常的舒适实用。

03 LDK

可以休息的地台

在客厅一角设置高于地面的地台。平时家人可以地台上放松休息，有大量客人到访时，根据需要地台的使用方法也可随机应变。（吉泽建设工业）

窗户设置在很高的位置，可以保证充足的光线照射进来。客厅一角的地台与厨房相连使做家务的动线也由此变得简短便捷。（吉泽建设工业）

原来的厨房为独立房间。如果与其他人在厨房内共同做料理或者聊天，空间显得过于狭窄。

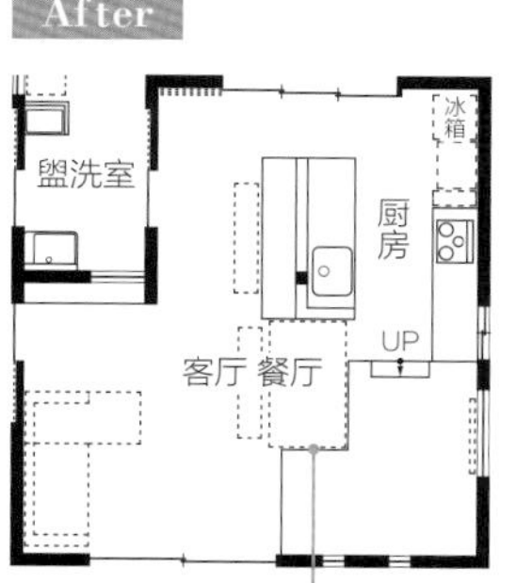

把LDK作为整体空间并在其一角设置地台。

餐厅和客厅分开。

客厅一角设置的地台高度约为40cm，使用方法灵活多样。即使有大量客人到访，也能够良好的待客，比如可以坐在台阶上聊天，或者直接在地台上睡午觉，发挥地台多种多样的使用方法。对于有小孩的家庭，如果将地台配置在厨房附近，可以一边做家务一边照看地台上的小孩，少了一份牵挂，多了一份安心。

地台的材质为纯天然杉木板，触感温润。为了防止蚊虫进入，地台上方的纱窗关闭的时候，也可以自由开关窗户。并且还有防止小孩从窗台上坠落的作用。

04 LDK

榻榻米客厅变成有现代风格的LDK

LDK色调安静祥和具有现代风格。厨房与电视柜等家具有效地统合为一体。（ONAYA）

榻榻米客厅和厨房分开时两个房间都显得昏暗杂乱。

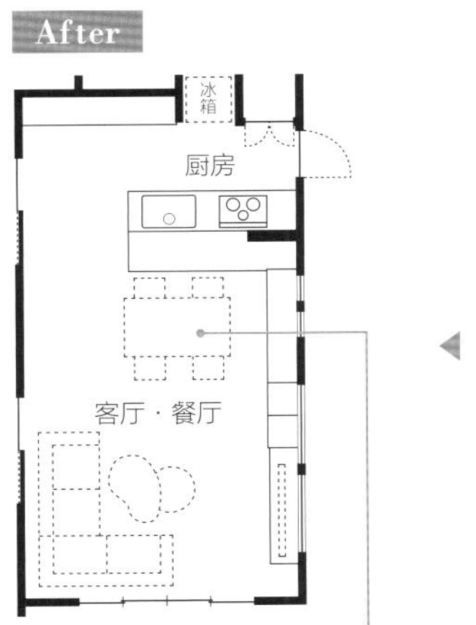

LDK成为一体空间。

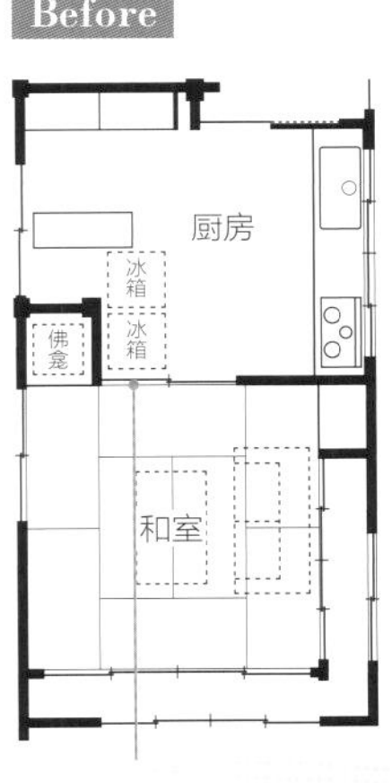

客厅和厨房各自分开。

榻榻米的客厅与独立的厨房连接在一起，构成了现代风格 LDK。原来的住宅里，和室与厨房之间有台阶，来往通过时容易有摔倒的危险。改建时拆除和室与厨房之间的隔墙，让空间连接成为一体，台阶问题也得到解决。平坦的地板让打扫卫生也变得更加容易方便。

家人聚集的 LDK 以白色和深茶色为基调非常大气。餐厅上方的屋梁与墙壁处订制系统储物柜不仅增添了一体感的美观，还可以作为宠物猫的通道发挥作用。LDK 让家人和宠物都感到舒适温馨。

05 LDK

自然采光优越无须灯具照明

从厨房看向餐厅。阳光从挑空结构屋顶上方开口部照射进来，LDK变得非常明亮。（户田工务店）

原来的房子采光不佳，即便白天也需要开灯照明。并且经过反复设计改建，原有古民宅的味道渐渐消失了。

时尚的厨房采用LIXIL社制品riseru。配合屋梁颜色选用深褐色，整体风格得到统一。（户田工务店）

二层的多功能空间。阳光从窗户照入穿过挑空一直照射到餐厅。（户田工务店）

改建建筑年数为 100 年的古民宅，供同一家族的三代人共同居住。为了不让房间气氛过于沉重，配合原来的旧屋梁设计了简洁的厨房和壁炉，旧式门窗保持原样，这样在保留古民宅原有味道的同时，又灌输现代气息符合现代生活的要求。厨房上方的挑空开口部很宽敞，保证光线从上方照射进来。由于采光效果好，白天不需要灯光照明，促进节能减排。

采光口在二层楼梯的拐角处，这里作为多功能的自由空间，可以晾晒衣物。而且地面铺设榻榻米，可以直接在这里把晾干的衣服叠放好，或者躺下来休息一下，小孩子也可以在此玩耍，用途多种多样。

06
LDK

客厅的一角设置榻榻米

光线经由地窗照射进来，客厅变得明亮心情也变得舒畅。榻榻米和地板之间没有台阶，是考虑到方便老人的无障碍设计。（筱原工务店）

以前的房间较暗，改建时在客厅新设了地窗。地窗开口宽阔，也显得房间明亮开放。地板颜色及硅藻泥墙壁的色泽明亮，白天不使用照明就可以满足日常生活。在采光上，充分利用自然要素改建效果显著。

在客厅的一角设置 6 叠榻榻米（1叠 = 1.62m^2），选用天然地板消除台阶差，绊倒危险性大幅度减少，适合老人居住，房间整洁，室内设计浑然一体。榻榻米空间的一角设置了佛堂并订制了格子墙，自然地将空间分割开，缓解空间原有的压抑感，并且 LDK 内也毫无异样的感觉。

拆除和室隔墙，设置榻榻米空间。

连续两个房间都是和室，回廊几乎没有使用。

16叠的和室及回廊改造成宽敞的LDK。在厨房里能够看到原来老住宅的屋梁。（筱原工务店）

07
LDK

背景墙让人感觉像是到了度假村

为了让背景墙有厚重感，但不是沉重感，在色调上进行精心地配选。
（Reform One）

厨房使用LIXIL公司的riselSI。厨房后侧是大容量的食品库。生活中琐碎的杂物都能藏进其中，即便突然有客人来访也可以从容应对。
（Reform One）

原来的厨房为独立的房间，难以把握家人在LD的动向。

玄关在一层。玄关厅内也采用装饰墙，让每天回家时的心情都多了一份期待和喜悦。
（Reform One）

房主以高级度假村作为参照对房屋进行改建。从前厨房与客厅、餐厅分别独立存在，且走廊另一侧是四间并排的和室，经常苦恼于房间过于狭窄。这次将和室间的隔墙全部拆掉，改建出一间大的 LDK 空间，而且厨房为吧台式厨房，整个 LDK 宽敞又明亮。一部分墙壁和支柱等采用石雕装饰墙，演绎出高级酒店般的豪华氛围感。

让房间显得时尚的另一个要素是照明设备。采用间接照明，灯光柔和地照在墙壁和地板上，灯具带有调光功能，可按照自己需求自由调节。建议在细节上也要非常注重才能成就高品质生活。

08

LDK

拆除吊柜让视觉更开阔

采用LIXIL公司的Aresuta岛式系统厨房，空间看上去更加开阔。3盏吊灯非常明亮，有助于提高做家务的效率。（白石工务店）

这是原来的厨房。带吊柜，厨房吧台周围的墙壁部分过高，造成一定程度的压抑感。

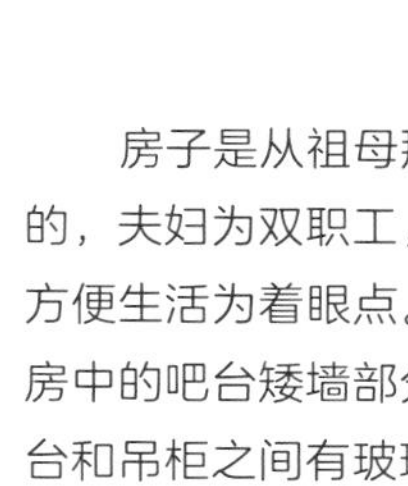

房子是从祖母那继承下来的，夫妇为双职工，改建时以方便生活为着眼点。原来的厨房中的吧台矮墙部分较高，吧台和吊柜之间有玻璃窗，厨房和客厅餐厅没有整体感。改建时大胆地拆掉吊柜，厨房吧台采用地台式，与客厅餐厅相连，在做饭和收拾的同时还可以与家人交流。

在原来吊柜的位置上，安装带有滑道的吊灯。既能为做家务提供照明，又给空间增添了一份时尚。

从客厅观望厨房。由于没有了吊柜，LDK成为一体化空间，看上去更加宽阔明亮。（白石工务店）

09

LDK

刻意在LDK中晒出原有的屋梁

拆除了厨房与客厅之间的间隔，LDK相连成为一体的空间。倾斜延伸的横梁带有动感，是房间最瞩目之处。（伸和house）

原来的厨房与客厅之间有隔段，整体上不够明亮。

客厅设置烧柴的火炉。上方的吊扇有助热空气循环流动。（伸和house）

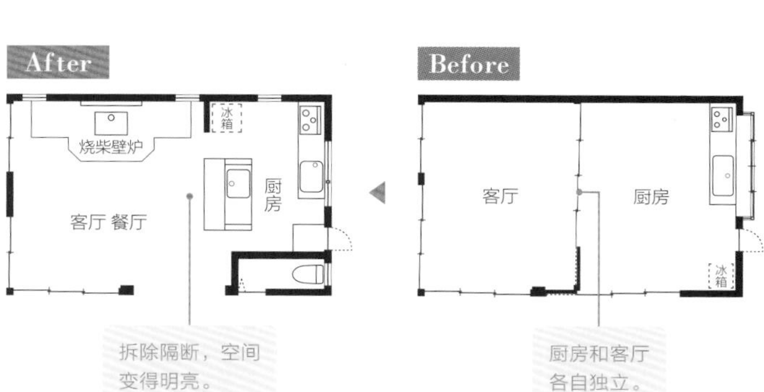

拆除隔断，空间变得明亮。

厨房和客厅各自独立。

这是一所拥有140年以上房龄的老宅，改建时增强了抗震性和舒适性，与此同时保留了老宅的古色古韵。原来的房间室内温度与室外温度基本一样，冬天寒冷。而且客厅上方没有天花板隔断冷空气，给人的感觉是光线无法照射进来且阴暗潮湿。对住宅整体进行高断热施工，拆除隔段后LDK面积达到32m^2。空间非常宽阔，在客厅一角设置的火炉反而显得娇小。

让人震撼的是被暴露在外的屋梁，而天花板却设置在屋梁的上方，着重表现房梁骨架的构成。具有动感的古木成为最亮丽的风景，将古民宅的古色古香完全展现出来。

10

LDK

保留老住宅的原味

客厅上方设计成挑空，客厅一下子变得明亮。原来的屋梁得到利用，原有的阑额（指推拉门上方与天花板之间的部位）装上玻璃后墙壁融为一体。（Uzukubo工房）

原来的住宅整体阴暗，各个房间分隔过细，使用不便。

配合原有支柱和屋梁的颜色，将地板和储物仓库门设计为深褐色，餐厅风格从而得到统一。变身为可以感受优雅安静风情的空间。（Uzukubo工房）

作为大改造方案，保存原有的支柱、屋梁及门窗等，让充满美好回忆的古民宅氛围自然地得以保留。老房子整体阴暗冬天寒冷，抗震性差是常见的问题，如果在设备的更新和加强抗震性上得以改善是能够提高使用性能的。拆除田字形排列的和室处的隔段及墙壁，连接成一间LDK，马上变身为宽敞明亮的整体空间。

保持原有支柱和屋梁，并保留阑额作为空间的装饰，房间呈现出安静宁和的风情。老房子的优点也同时传到下一代，这也是对大改造的一个评价点。

11 厨房

非常人性化的家务动线

打开亚克力板的拉门，进入家务储藏室。厨房采用LIXIL公司的aresuta产品。（Woody Home本店）

家务储藏室。即保证通风和采光还可以直接从便门走到晾衣场所。（Woody Home本店）

北侧原来的厨房。储物空间小，物品摆放散乱。

After

洗漱室 浴室 洗衣机 冰箱 厨房 食物储物室 露台 储物柜 走廊 客厅 餐厅

厨房旁边设置家务角。

Before

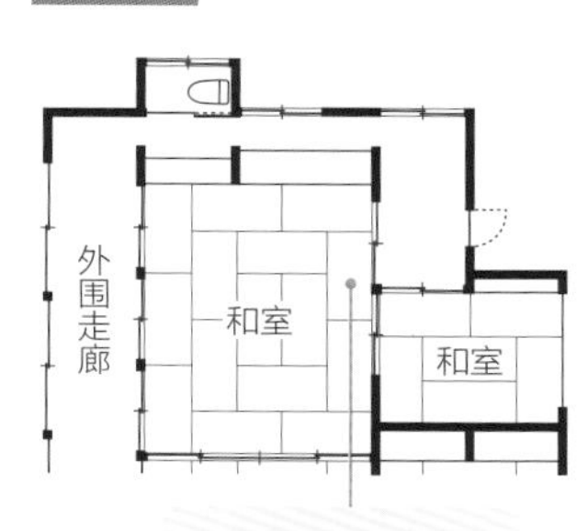

以前是和室和回廊。

改造前的烦恼是原来的厨房朝北因此常年昏暗潮湿使用不便。将厨房移动到日照好的南侧，并改建为 LDK 内包含厨房，且厨房是主人期盼已久的开放式厨房。

取消吊柜造成储物空间减少，料理器具等也是需要收纳空间的。再加上以前储物空间的不足，导致物品摆放散乱，为了解决之前一系列问题，在此特意新设了家务储藏室，家务储藏室的橱柜一直设置到屋顶，小物品和需要储藏的食品放在这里。还增设了电脑桌，缩短家务动线，使人心情舒适。

厨房侧墙壁设计为深绿色，区域被柔和地划分开来。厨房采用LIXIL公司的siera产品。（正匠）

12

厨房

增加色彩设计的另一个环节

厨房吧台前设置凳子可以在这里吃一些简单的料理。倾斜的屋顶和暴露在外的屋梁让人体验咖啡馆的氛围。（正匠）

After

储物柜
碗柜
冰箱
食物储物室
厨房
鞋柜
餐厅
玄关
大厅
客厅

与客厅、餐厅融为一体的岛式厨房。

原来靠墙壁侧的厨房。

选择厨房也应该像选择门窗和家具那样，需要精心地进行选择。如果厨房过于醒目，客厅也变得浮躁，所以就应该在颜色、尺寸及设计上认真地考虑，最重要的是选择的厨房设计一定要适合整体氛围。

为了将厨房更好地融入LDK，方法之一是对墙壁颜色加以调配。背景墙设计为深绿色，通过与房间其他墙体的白色进行对比，产生纵深感。如果在厨房内设置吧台、凳子、开放柜架，那么厨房就会变身为很时尚的咖啡馆一般。

13

和室

非常简洁的多功能和室

简洁的和室。左侧是步入式衣帽间，门上没有把手，关上后看上去与墙壁成为一体。（北王/Relife）

和室内有日式储藏柜和壁龛。传统风格制作难以与LDK融合，储物也不够方便。

和室的地面与客厅一样使用相同的地板以及灰色的榻榻米，这样就变身与LDK风格一致的空间。右侧步入式衣帽间可用来存放被褥。（北王/Relife）

追求便捷性及设计性的楼房改建。基本上保留了原有格局，通过选材及使用与对储物空间的保障，提高了整体格局的舒适性和功能性。

和室作为主卧室使用，关上拉门变成独立空间。白天打开拉门，变成客厅和餐厅的一部分使用。选择安静柔和的灰色榻榻米，消除了和地板之间的高度差，空间更加紧凑和谐。和室旁边是宽敞的步入式衣帽间，用来收纳被褥衣服等的空间足够大。门上面贴有镜子，是为了早上的着装准备。

14
格局

新增的二层储物空间

改造房顶部分变为24m²大的家庭活动间。能够在此放置自行车等较大型的家庭用品。（Lifer今治）

改变原来住宅的房顶形状，增加空间面积，构建二层及阳台。

连接二层楼梯的下方设置了步入式衣帽间。开放式的架子便于寻找物品，并方便进出。（Lifer今治）

为了更方便生活，对购买时只有一层的二手住宅全面加以改造。改建房顶增加二层，新增面积为 $24m^2$，用来储存户外用品和收集兴趣物品等。一层作为居住空间中心，一层格局将储物空间设置到最小限度，确保了 LDK 空间足够宽敞，以确保家人能够在 LDK 得到充分的放松休息。

二层的楼梯下方定做了柜架改装为步入式衣帽间。可以摆放容易散乱的鞋子和雨伞等，这样玄关附近变得更加整简和易于打扫的空间。

15
格局

在卧室内设计更衣间

将原来是铺设榻榻米的和室改造为铺地板的卧室。光线透过屏障上的纸柔和地照进来。（山万 Housing Forum Yukarigaoka店）

与步入式衣帽间并排设计用来梳装的空间。洗面池上方安装了大号镜子，更方便确认容貌装束。（山万 Housing Forum Yukarigaoka店）

爱好海外旅行的房主对房龄 37 年的老住宅进行改建，从卧室到家务用水区间设计得好似高级酒店，但同时在门窗处使用日式风格的屏障，让两种风格有效地融合在一起。

原本为和室的房间改建成卧室，壁橱和壁龛的空间改成用来梳装的更衣间。这个更衣间为步入式更衣间，配备一整套衣柜、卫生间及洗脸设备。清晨起床后，立刻能够刷牙、上卫生间、换衣服、洗漱等，以最简洁的动线完成梳洗打扮。将更衣间的颜色统一为深色基调显得非常高雅精致。

16 格局

连接卧室及客厅的步入式更衣间

宽敞明亮的LDK。打开镶嵌镜子的拉门为步入式衣帽间。宽大的镜子让空间显得更加开阔。（FIND Planning部）

从主卧室侧观看步入式衣帽间。打开房门穿堂风贯通南北防止产生湿气。（FIND Planning部）

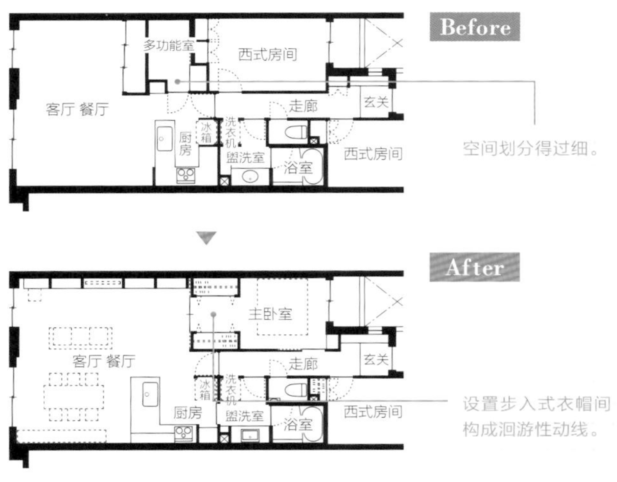

以家庭成员发生变化为契机对楼房进行改建设计。重点考虑做家务时的便捷性和舒适性，结合生活方式对空间进行重新配置。最有特点的是洄游性格局，通过动线将各个空间连接起来。从厨房到洗漱室的动线尽可能地简洁紧凑，让做家务变得轻松容易。

步入式更衣间从 LDK 和卧室两方向都可以进入，不仅使梳妆打扮的动线变得顺畅，而且对于搭配外套，整理衣物也非常便捷。门上面镶嵌镜子，有助于确认装束，还能够让 LDK 的空间显得更大。

17
格局

设置榻榻米一角专用于叠衣服

二层的榻榻米一角。明亮的阳光照射进来。（明友建设）

左侧拉门为全家人衣柜间。叠放衣物更加便捷。（明友建设）

楼梯周围为挑空结构，二层的阳光照进来，空间明亮开放。（明友建设）

原来的家，光线很难从窗户照进来，房屋整体阴暗潮湿。

对年久失修的带地下室的二层老住宅进行全方位改建。一层 LDK 内有坐桌，为了方便把腿放在坐桌下方，坐桌下设计了一个空洞，这样就需要坐桌四周的地面略高出地面，类似跃层式的台阶。二层主要作为家人的隐私空间，通过楼梯上方的挑空自然光线柔和地照射到各个楼层。

二层的楼梯拐角处为榻榻米空间。从阳台收进来晾晒好的衣物可以在这里叠起或者熨烫，这个多功能空间使用起来非常方便。叠好的衣物放入旁边的家用衣柜，叠起、收放一连串的动作一气呵成，做家务活的效率也得到了大幅度的提高。

18
格局

隐藏在LDK中的阁楼

在LDK的一角设置跃层。跃层下面的部分作为储物空间，楼梯旁的钢管衣架可用来收纳衣服。（i・e・s living club）

即使朋友们同时在客厅里聚会，也会感到很舒适。室内精心选择的木材更加强调出山间小别墅的氛围。（i・e・s living club）

厨房吧台设置扎啤机。水龙头使用的是具有人体感应控制功能的产品。（i・e・s living club）

房主交友广泛非常注重住宅的个性化，也希望能够在家里和好友共同分享快乐时光。以改建为前提购入的楼房，希望能够打造出如山间小别墅一般的轻松心情。

一进入 LDK 是高度被提升的跃层。特意设计出台阶差让空间显得更加宽敞，同时还确保了如同仓库般的储物空间。这种设计方法可以去除屋顶增加高度并消减跃层所带来的压抑感。到处都凝聚着房主的兴趣爱好，激昂跃动的男人心怀体现得淋漓尽致。

19 宠物

让宠物活动更自由的设计

饲养宠物狗的女性楼房设计实例。为了让人和爱犬生活得都舒适，从地板到30cm高的墙围部分粘贴黑灰色的板材，以防止爱犬对墙面的抓咬。地板选用的材质不但动物不易滑倒而且容易清扫。（安江工务店 北店）

对二层单户建全面改建设计的例子。由于房主饲养了两头大型犬，一层LDK的地面采用了防滑砖。（光正工务店）

对具有70年历史的住宅改建设计，为了饲养的爱猫在二层儿童房间里的墙壁上方设置方便猫通行的板架。（ACT Home）

对于饲养狗和猫等宠物的家庭，在设计改建时，为了消除宠物的压力，需要对房间格局及设计装饰充分考虑。

例如饲养宠物狗的家庭，如果铺设地板就可能由于狗爪与地板接触面小而导致狗狗容易滑倒，而且不能以正确的姿势支撑自己的身体，导致宠物狗的腿或腰疼痛。在对木材进行选择时，需要考虑选择不易滑倒的材质。如果养猫，可以考虑在房间的高处设置木板架作为猫的行走通路。为了让人和宠物共同享受方便的生活，在进行设计时应该考虑到打扫方便，尽量保持地板的平坦等。

20
窗户

如同欣赏绘画一般的观景窗

和室一角设置的窗户使用的是LIXIL公司制品samosu。形状是方形，时尚感十足。（Horie 舒适住宅工房）

窗框纤细，视线透过窗户伸延到远方，视野很开阔。（Horie 舒适住宅工房）

改建后的外观。光线透过新设的窗户照入室内。（Horie 舒适住宅工房）

以前的外观，典型的日式风格。

由于家庭成员发生变化，对建筑年数为 30 年的木制住宅进行改造。房主希望能够最大限度地利用大自然的能源增加住宅节能减排功能并且可以更加宽敞明亮。

为了让自然光线充足地照到房间内，对窗户的式样和设计都非常用心。例如，把和室的窗框的精细程度做到极限，玻璃窗也采用隔热材质。窗外的景色被窗框优美地截取下来，好似一幅装饰画。窗框并不是很大，有助于增强隔热效果且视野清晰开阔，置身于室内也可以充分感受到充足的阳光和怡人的景色。

21
设计

承重柱与装饰格栅相呼应

从餐厅观望客厅。左侧的装饰格栅将客厅和餐厅柔和地分开。
（大幸综合建设）

没有拆除承重柱而是与纵向的装饰格子组合在一起增加设计感。别致的色调，也非常适合设计简洁的厨房。
（大幸综合建设）

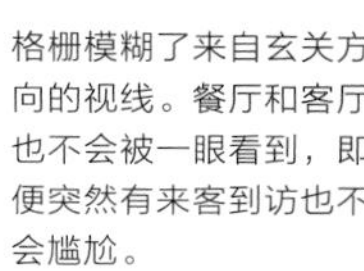

格栅模糊了来自玄关方向的视线。餐厅和客厅也不会被一眼看到，即便突然有来客到访也不会尴尬。
（大幸综合建设）

After

Before

原来的玄关很宽敞，但是从玄关通过走廊再到生活空间的动线被隔断。另外还有一个烦恼是储物空间过少。

拆除原有老住宅时，因房屋整体结构的原因存留了一些无法拆除的承重柱。利用竖立在 LDK 空间里柱子与纵向伸展的格子进行组合，使其极为自然地融合于空间的同时增强了整体的设计感。颜色上选择了静谧的深褐色，既具有现代时尚风情又增添了一份怀旧感。

把空间舒缓分隔开的格栅成为连接从玄关到客厅及厨房的纽带，柔和地将视野予以划分。视线不会被隔断，而是可以穿透格栅空隙，这样消除了类似墙壁的压抑感，由于采光角度的变化，白天和夜晚室内也呈现出不一样的意境。

22
设计

让充满回忆的屋顶和窗户得以再生

父亲是画家，其作品被描绘在餐厅的玻璃窗上，予以保留。沐浴柔和的光线，品味回忆里的点点滴滴。（Katumata）

改建前的餐厅厨房

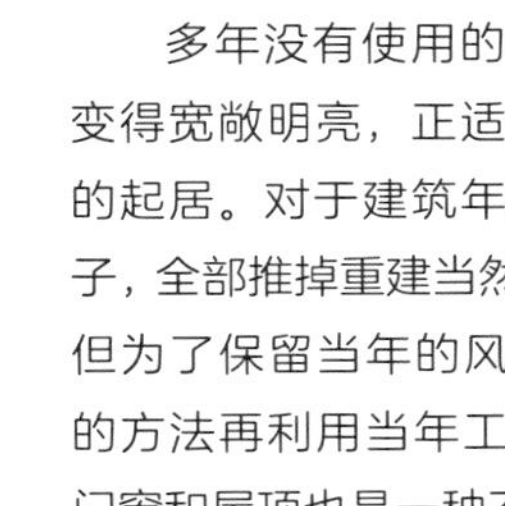

多年没有使用的老房子改建后变得宽敞明亮，正适合照顾老母亲的起居。对于建筑年数较久的老房子，全部推掉重建当然是一种选择，但为了保留当年的风情，通过有效的方法再利用当年工匠精心制作的门窗和屋顶也是一种不错的选择。

原为画家的父亲，其作品被描绘在玻璃窗上，于是玻璃窗保留下来。当光线透过玻璃窗柔和地照进室内时，勾勒出别具一格的空间氛围。浴室原有屋顶非常富于个性，因此也被保留下来，家务用水区完全换新大幅度地提高使用性能。该更换的地方进行更换，该保留的地方加以保留，上一辈留下来的影子映射在室内，房子成为连接家人的纽带，带来无法替代的亲切感。

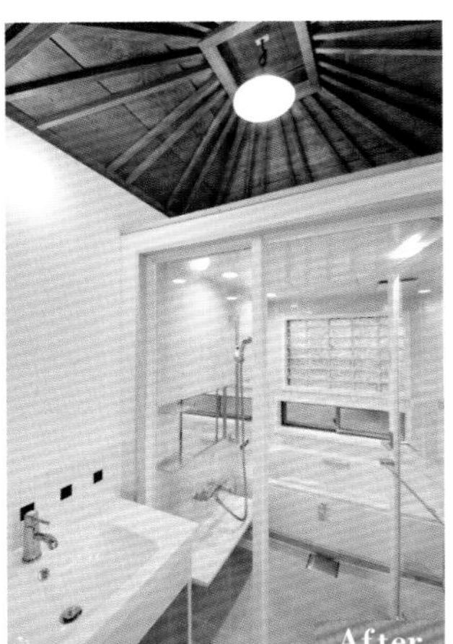

屋顶原封不动地保留，家务用水区焕然一新，提高舒适性。（Katumata）

原有的屋顶闪烁着工匠手工制作的光辉。

23
设计

明亮的踏板式楼梯

客厅的一角设置踏板式楼梯。无脚踏处挡板，周围通透给人以明亮开放的印象。（光正工务店）

视线可以穿过楼梯毫无压抑感，钢铁制扶手将空间整体有效地连接在一起。（光正工务店）

以前进入玄关立刻面对楼梯。楼梯狭窄黑暗。

房主希望以客厅为生活中心让家人聚集在此，对住宅进行改建，封闭式楼梯改为踏板式楼梯。四面为通透的结构，客厅整体非常明亮宽敞。

楼梯在客厅内，上二层时必须通过客厅，这样也让家人互相交流的机会增多。孩子们外出或者回家时，在客厅与父母打招呼，更加方便了与父母的交流。而且由于在客厅内设置楼梯，就没必要再设置走廊，客厅空间变得更加开阔。没有楼梯竖板的踏板式楼梯，视觉效果更加通透，客厅整体感觉上更加宽敞明亮。

24 玄关

能够放置雨伞和大衣的大型玄关储物空间

玄关是家人每天进出的地方，可以称为家的门面，无论何时都想保持整洁的状态。即便突然有来客到访进入玄关也不会尴尬。

玄关储物应该不仅仅只局限于鞋，还应该能够放置雨伞或者大衣。应该设计为更加宽敞的储物空间。除了室外用品，体育用品，如果还有储物防灾用品的橱柜就更加方便了。玄关还有一个作用就是能够阻挡花粉和外面附着污物进入室内。

楼房或者其他受到限制的建筑也可以刻意取掉储物柜的门，这样会方便取放物品。开口部的高度低于视线高度，以防止室内完全暴露出来。

参考日本茶室的躏口玄关地砖部的储物处，开口高度低于视线高度。不仅是雨伞和鞋靴，也可以用来放置红酒或者根茎类蔬菜等有重量的物品，使用方便。（北王/Relife）

原来的玄关储物。空间狭窄，使用不便。

玄关旁设置的大容量橱柜。让玄关周围总是井井有条，也让每天回家的家人都充满期待和欢喜。（安江工务店 北店）

玄关地砖区域开阔，不仅脱换鞋方便，搬家具等也很顺畅。（安江工务店 北店）

25

玄关

可以聚会的玄关

进入玄关是开阔的地砖区域。与客厅之间有拉门，根据使用功能可以开关拉门。（ACT Home）

宽廊、客厅与地砖区域成为当地交流场所。（ACT Home）

以前本是地砖的地方由于地面被抬高，导致屋顶高度减少，也是曾经的烦恼。

玄关地砖区域平缓地将室外和室内连在一起。即使弄脏了也容易清扫，不用脱鞋也可以开展多种活动，近年这个优势也不断地得到了大家的认可。

照片是对建筑年数 70 年的老住宅改建的例子。原本是地砖区域的地面历经反复改建后被抬升成为房间的一部分。这次改建特意将地砖区域的高度复原，让玄关变得更加开阔。而且与回廊一体化，邻居们可以利用做农活的空闲时间聚集在此饮茶，聊天，成为相互交流的空间。白天夜晚分别有不同用途的玄关地砖区域其功能也得到了充分地发挥。

26
外围

与周围环境融为一体的住宅入口处

呈L字形LIXIL公司制品Gframe给停车场增添一份立体感。设计性强纵深也得到增加。(Ark Fukusima)

住宅所在建房用地开阔周围没有遮挡，从道路一侧能清楚地看到屋内和院子。

建房用地面积开阔具有开放感，但另一方面，如果种植植物或者清除杂草等需要耗费更多精力时间，一直保持整洁的状态也不是件容易的事情。住宅如何能更加美丽端庄，设计师有计划地让住宅入口处与周围自然地融合到一起，这种扩充外围增强设计性也不失为有效的手法。

长期没有时间打理的面向北侧道路的院子，因没有遮挡视线的建筑物，从外面可以很清楚地看到里面。对此，大胆地配置框架、院门和围墙来遮挡外部视线。停车场铺设明亮色调的天然石子和地砖呈现往外展开延伸的形状，更显现了大门处的宽敞。私人空间得到保证的同时与周围环境融合到一起，院门设计得也非常具有艺术性。

在多处设置了间接照明，灯光柔和地映射在栽种植物和墙壁上。(Ark Fukusima)

27 外围

住宅入口处令街景熠熠生辉

缩减原来占用建房用地全部面积的建筑物，增设了停车场。与邻居家之间设置隔墙，并将车棚的支柱隐藏在隔墙内。（板井建设）

原来是兼作店铺的住宅。位于车站前方的道路拐角处，多少带些压抑感。

通过设置停车场让道路拐角处的视线通透，同时也增强了开阔感。（板井建设）

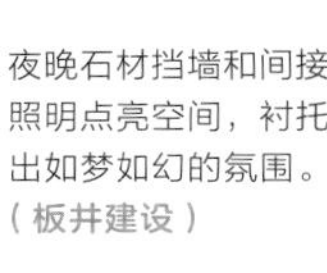

夜晚石材挡墙和间接照明点亮空间，衬托出如梦如幻的氛围。（板井建设）

需要改建的老房子原本是商业和住宅并用，建在车站前有 50 年的历史。改建时，缩减占有建房用地大部分的店铺面积，保证了停车场的面积以及道路拐角处的良好视线。

减少住宅面积随之而来的问题是与邻居家的墙壁会暴露出来。若是置之不理会影响街景，对此设置了颜色亮丽的石材墙壁。而且这堵隔墙还隐蔽了车棚的支柱。对美化站前的街道面貌也发挥了作用。面向步行街的挡墙，则采用露孔式的方形石块减少压抑感。既保持了良好的视线，又提高了安全性。

28 外围

改建一层部分增加可室内泊车的车库

原本是祖父祖母的老房子，朝向街道，现在为了孙子一家居住进行改建。一层原来临街的玄关向后移，增设可室内泊车的车库。
［西日本home（增改建Plaza松江店）］

原来的老房子占满建房用地，没有停车场不够方便。将面向道路一层的一部分改建成室内泊车车库，增加了两辆车的停车位置。

室内泊车车库的优点是上下车不受坏天气的影响，汽车不会被雨雪弄脏，缓解紫外线辐射。尤其是在多雪地区装卸物品时，脚底下没有雪不必担心滑倒，可以将物品安全地带到玄关。

保留老宅的模样，不破坏街道整体的面貌及氛围，这些也是室内泊车车库的优点。

▲

原来面对道路的部分是玄关。

在可室内泊车的车库里侧设置玄关。进出时不会被雨雪淋湿。［西日本home（增改建Plaza松江店）］

29
外围

让露台成为第二个客厅

设置横板式围墙遮挡来自外界的视线。光线可以恰到好处地照进来，而且上下通风院子里总是很舒适。（三荣造园 世田谷Exterior Rome）

原来的院子土地直接暴露出来，没有得到充分利用。

露台与室内相连作为第二个客厅使用。（三荣造园 世田谷Exterior Rome）

到了夜晚，柔和的间接照明映射在露台上。（三荣造园 世田谷Exterior Rome）

室外设置露台作为室内的延伸，可以在这里读书、饮茶、种植花草等。做改建计划时，需要充分考虑到从室内进出的动线，周围景观以及保养维护等，最好还应该对露台区域的使用方法进行模拟，这些都非常重要。

照片里的四照花是改建时从原来的花园保留下来的。露台使用复合地板，与室内地板高度一致，以便从室内顺利进出。廊道作为第二个客厅，为了增加舒适感，面向室内设置长椅，晚上利用间接照明营造不同的氛围。在与道路相邻一侧设置挡墙，不必担心来自外界的视线。

30
外围

避风的花园房

院子的一角设置花园房作为半室外的空间，用途多种多样。靠海边建造的住宅由于海风强和盐害，导致种植植物也难以成活。而花园房可以抵御海风，在这里养植花草，读书饮茶等十分惬意，生活也变得多姿多彩。花园房带有空调对植物生长有利，而且无论是冬天还是夏季，对于植物的养护管理操作起来也变得非常容易。

结合外墙壁的颜色，选用白色基调的LIXIL公司成品花园房kokoma。房间内配有空调和花园用水池。（Exterior Mart）

建房用地位于海边，存在饱受强烈海风和盐害，霜害等问题。

31
外围

带遮阳帘的露台成为你的独家私人空间

以前的院子没有绿化过于平淡乏味，改建之后焕然一新。遮阳帘从客厅屋顶延伸出来，而且在与邻家分界线处设置了有一定高度的竖格栅墙，可以从客厅的落地窗直接进入这个让人完全放松的私人空间。玄关路上铺设了石灰岩，入口处显得十分优雅。好似度假村一样的感觉，外围具有很高的设计性。

从入口处观看庭院的模样。LIXIL公司的[Gframe]和[Gscreen]制品显示出立体感，空间看起来也更加开阔。（Gadena）

与客厅相连的半室外私人空间阔。（Gadena）

32
外围

在露台享受读书乐趣

房主希望把凌乱的院子变为能够慢慢体会读书乐趣的空间，于是按照房主的意愿开始进行改建。在改建计划里，抬升露台高度，在露台地面上铺设地砖，并且周围用贴有瓷砖的墙壁与外界隔离，重点加强了对个人隐私空间的保护。具有一定高度的露台框架立体感十足，光线充足通风顺畅，让心情舒适愉快。

为了能够充分地放松休息，在露台设置了桌椅。地砖色泽明亮，作为室内空间的延伸充满了魅力。（Kaedestyle）

使用LIXIL公司的产品[G-frame]和[Gscreen]将露台环绕，增强了隐私感闼。（Kaedestyle）

33
外围

感受院子带来的生活情趣

对住宅区里一户建的院子进行改建，使其具有亚洲度假村般的风情。这个院子原本有20年没有变化，房主考虑到绿化种植太耗费精力，希望将绿地变为地砖。设置露台可以从客厅直接走到这里，并且进出方便。露台与客厅连接成一体，生活也随之变得更加多姿多彩。

LIXIL公司制品[kokoma]和[plusG：Gscreen]将院子和客厅连接起来，让人联想起亚洲风情的度假村，精致时尚。（Garden光房一叶店）

▲

Before

原来的院子是有矮植的篱笆墙，需要定期修剪整理。

34
外围

界限分明的玄关小路和院子

铺设地砖的玄关路和院子之间设置平拱框。空间上被划分的更加明确，让外围更有层次感。（小园Corporation）

改建前的院子。空间的划分不够明确，纵深没有层次，空间显得狭窄。

玄关路铺设地砖，LIXIL公司制品[Gscreen]的脚下栽植了如杂草高度的低矮植被。（小园Corporation）

住宅前面是绿油油的草坪和色彩斑斓的花卉构成的花园。LIXIL公司制品[Gscreen]适当地遮挡住视线，增强了隐私安全感。（小园Corporation）

玄关路具有一定进深，如果不加以设计无法突出各部分的特点，导致整体比实际显得狭窄。通过设置有一定高度的竖格栅和平拱框架，玄关路和院子的界限变得明确。外观上更具有立体感，且纵深更有层次，空间富有凝聚力。

光线穿过竖格栅以及良好的通风，视线适度地穿过没有压抑感。外部视线也被恰到好处地遮挡住，在获得开放感的同时又确保了空间的隐私，让家人得以充分的放松休息。竖格条和植被绿色相匹配，门面的外观显得很豪华。

专有庭院让家人团聚时光更加愉快

专有庭院里设置廊道作为室内空间的延展，让生活更加美好舒适。
（Housing-Netone）

家人团聚时能够观看到庭院。在院子里度过的时间也增多了。
（Housing-Netone）

改建前的餐厅，从窗子可以看到邻居的住宅。

设置的间接照明柔和地照射院子里的植物。
（Housing-Netone）

楼房一层的专用院子里，设置和餐厅地板同样高度的廊道，创造出与室内同样舒适的空间。廊道与地面的落差能够让人坐在这里休息。廊道空间将室内外连接起来成为半室内空间，生活也随之变得丰富多彩。

院内墙壁采用与廊道一样的材料，既能够遮挡视线又增强了空间的统一感。盆栽植物和杂物配置得很平衡，晚上的灯光照明使得院子变得非常时尚。虽然是楼房，依然可以透过窗户享受景色。

Chapter 5

保持健康愉快生活的环保型住宅

考虑到住宅本身的功能性，通过更有效的采光和通风让今后的生活更加愉快舒适。
在此我们介绍通过设计提高住宅舒适度的例子。

01

新建房

地砖空间能够积蓄炉子释放的热量

住宅位于冬季寒冷的北海道，只有一层，结构紧凑。墙壁、地板和屋顶内填充隔热材料，窗扇使用 3 层玻璃，这样室内一年四季都保持舒适温度。

冬季主要是依靠地砖处的炉子采暖。由于地砖部分低出地面一段高度，通过烟筒传导的暖气上升，室内整体逐渐增温。在地砖部分与高出一个台阶的客厅的界线处，使用混凝土块垒成腰墙，腰墙能够吸收炉子释放的热量，并起到蓄热的作用。炉子只是在早上燃烧一次，到第二天早上一直能够保持 20 度。即使是冬天，屋内也能温暖舒适。

有一个台阶落差的地砖空间、相邻的餐厅以及高出一段的客厅等，每个区域都设置高度差，让住宅空间分区更加明确。（藤城建设）

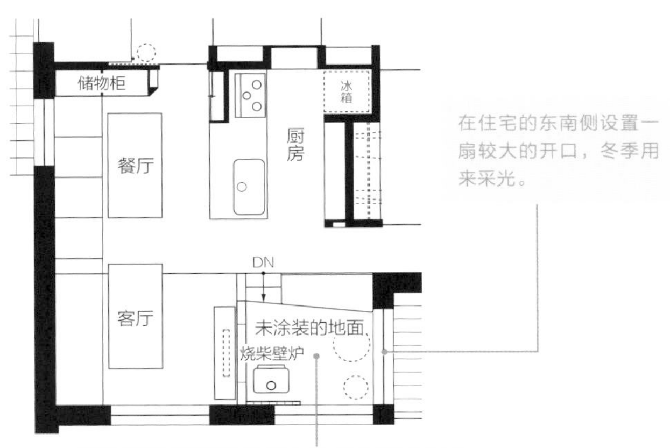

在住宅的东南侧设置一扇较大的开口，冬季用来采光。

地砖处设置地热采暖，热量向室内传送。

厨房对面的储物柜是专门定做的。桌子旁配置固定不可移动的沙发。（藤城建设）

02

新建房

建造零耗能住宅

在住宅内南侧配置客厅和餐厅，阳光充分照入让室内非常明亮。阳光能够一直照到相邻的和室中。（吉田建设）

建房用地开阔，设计建造简明的平房。考虑到南侧日照，住宅设计成东西走向。（吉田建设）

南侧为大开口开窗，阳光可以充分地照进来。

因建房用地开阔，房主的愿望是一家 5 口人能够自由自在的生活，有充足的阳光照进室内，冬暖夏凉。对此，将 LDK 和主卧室等主要居室向南配置，这样保证了充足的日照。客厅前方设置宽敞的木质廊道，提高 LDK 在视觉上的开放感。

充分利用阳光和通风进行巧妙的诱导式设计，冬季利用日照及房屋的高保温性能让设计更有助于节省能源。并且，通过采用太阳光发电系统供电，全年的电能消费量等同于自家发电，消耗能源也因此得以抵消归零，光能源的浪费得到有效抑制，实现了自供能源网的零耗能住宅（ZEH）。

03 新建房

室温一直保持在18度以上的健康住宅

餐厅厨房使用纯天然木材。沐浴纯木香气，感受幸福时光。（Echo-Works）

阳光从二层挑空照进来，客厅无比明亮。地板为纯天然杉木，墙壁采用硅藻泥，感受到房间的静好温馨。（Echo-Works）

由于从一层南面无法照进十分充足的阳光，因此以遮挡日光为目的将屋檐探出很多，日光从二层挑空确保。（Echo-Works）

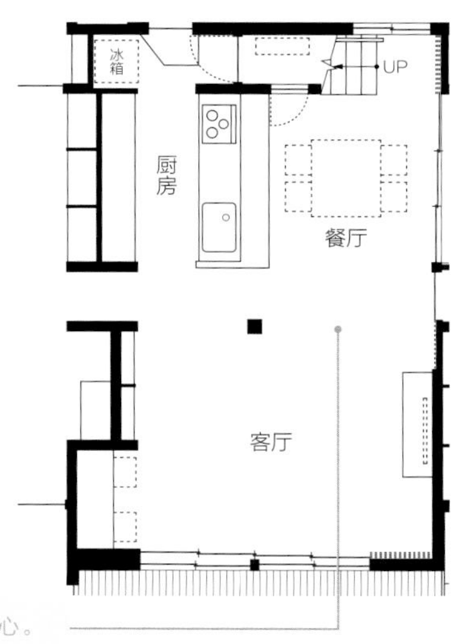

宽敞的LDK，厨房是家人活动的中心。

这是6口之家，希望建成节能减排的零耗住宅。保温性能在G2※以上，温差变化幅度小，即使在冬季各居室温度也一直能够保持在18度以上，有助于身体健康。由于受建房用地所限，一层采光条件不好，设置挑空让阳光直接从二层照进。墙壁采用具有高度调整湿度效果的硅藻泥等，为增加房屋的整体舒适性。

而且，导入「HEMS」（Home Energy Management System=住宅耗能管理系统），做到耗能可视化。在增强居住者节能意识的同时，通过分析全年电热费用等，有助于削减耗费能源的成本。

※G2＝[HEAT20]（迎接2020年住宅高端热化技术开发委员会）提倡指出评价节能的标准之一。2020年将被义务化，比2014年制定的标准有提高了一个档次（G1,G2）。

04
新建房

利用长屋檐调控日光辐射

客厅和与廊道之间是全开放型落地窗，打开门窗直接走入宽阔的廊道。院子的树遮挡夏日强烈的日光，给室内带来凉爽的清风。（Yamasa-House）

屋檐探出很多，夏季遮挡强光，冬季温暖的阳光又可以照进室内。（Yamasa-House）

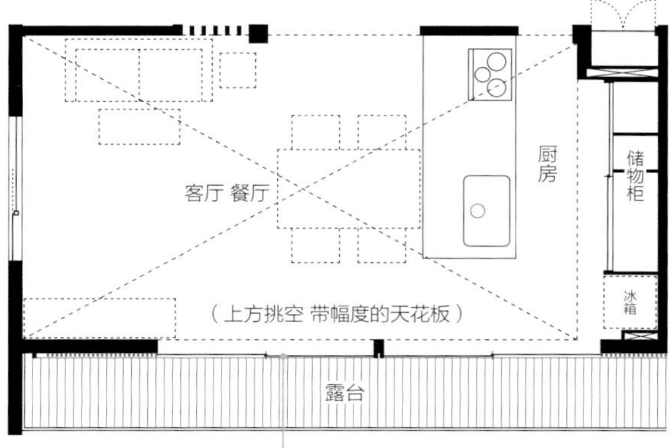

室内一侧的窗户采用LIXIL公司的白色[OpenWin Sliding]制品。

建房时就已决定长期居住在这里，建造了非常简单的箱式平房。增强住宅性能，确保高隔热高密封性的同时，采用诱导式设计手法，积极利用自然光和空气流动，一年四季都能够保持舒适的室内环境。

住宅面向正南方向，屋檐探出很多，这是为了在九州地区的夏季，能够遮挡强烈的日光照射。另一方面，为了冬季温暖的阳光能够照进室内，对入射角度加以计算。而且，特意计划将院子也作为住宅的一部分，这也是实现节能的方法之一。住宅前方的庭院很开阔，在这里有效地种植一些花草树木，夏季可以遮挡日光，让室内通风更加凉爽。

05
改建

用数值切身感受改建后的成果！

对有 45 年历史的二层老住宅进行全面改建。房主希望有住平房的感觉，所以将二层部分设置成储物，将生活空间集中到一层。

改建主要针对房屋老化对策、耐震性能、温度・节能、维护保养管理、无障碍设备、火灾安全性这 6 个要点，根据模拟得出的数值进行评估。改建的成果也因此变得更加明确。

其中的电费、取暖费，由于采用介入式设计和断热改造，高效节能设备，模拟结果减少了 54.15%。改建后的住宅更加让人安心舒适，房主一定会希望一直在这里住下去。

由于挑空光线的穿透效果，一层房间的里侧也变得明亮起来。可以使用更少的灯光照明，而且采用LED，最小限度地减少电力消耗。（Liveearth/Livingplaza）

▲

以前的客厅屋顶过低造成压抑感。冬季室内过于寒冷的问题也一直没能解决。

大量地使用自然材料。对于保温・节能等加以精密模拟测试，实现了住宅冬季温暖夏季凉爽。（Liveearth/Livingplaza）

06 改建

运用自然力量的诱导式设计

将餐厅和厨房配置在光线良好的南侧，冬季也会温暖如春。
（松村设计建筑事务所·松村建设）

以前厨房在北侧阳光无法照射进来。

与厨房相连的15m²大小的和室。自然光线充分照入室内让人感到舒适。
（松村设计建筑事务所·松村建设）

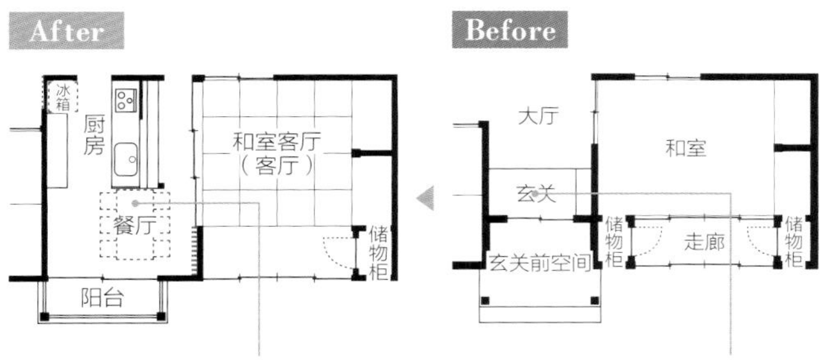

厨房和餐厅配置在南面光线良好。

与大多数老式住宅一样玄关配置在南面。

由于一家三代人要居住在一起，从而开始进行的大规模改建设计。房主希望在解决冬天室内过于寒冷以及台阶多等问题的同时，保留日本传统房屋的魅力。

巧妙地引入采光和通风系统的介入式设计成为改建方案中最重要的部分。以前南面的玄关移到西面，将作为生活中心的客厅配置在南面。即使是厨房也能够照入阳光。

屋顶和地板，墙壁中添加隔热材料，采用双层玻璃树脂窗扇和隔热的玄关门，增强住宅的保温性。室内温差变化幅度小，冬季也能够保持温暖舒适。

Chapter6

构建安心舒适住宅的基本知识

住宅建成后经常会听到来自住户的不满或烦恼，在此收集整理了如何构建耐久、安全且舒适的住宅等所必要的知识。旨在能够建造出更加美观，而且更加安心舒适的住宅。

对住宅完工未满5年的独立住宅的住户实施了关于与住房有关烦恼的问卷调查，结果如下所示，第1位是“电费取暖费过高”，第2位以后分别为“冬冷夏热”“担心露水凝结和发霉”“冬季的卫生间、洗漱室及脱衣室过冷，担心由温差引起突然休克”“保温性差”等，对住宅的保温性以及密封性的烦恼比较突出。关于保温性以及密封性，由于很难依靠改建来解决，所以重要的是在做建房规划时就应该考虑周全。尤其需要重视如何增强住宅性能来减少电费、取暖费。

另一方面，关于房间格局和储物空间的不满也占多数。关键是要按照家庭成员的人数和生活方式事先做好房间格局的规划。在此推荐做规划时应该考虑到房间整体的洄游性，以便能够顺利地做家务。关于储物可以有效地采用系统储物等来保证储物空间的充裕，同时让生活空间更加整洁美观。

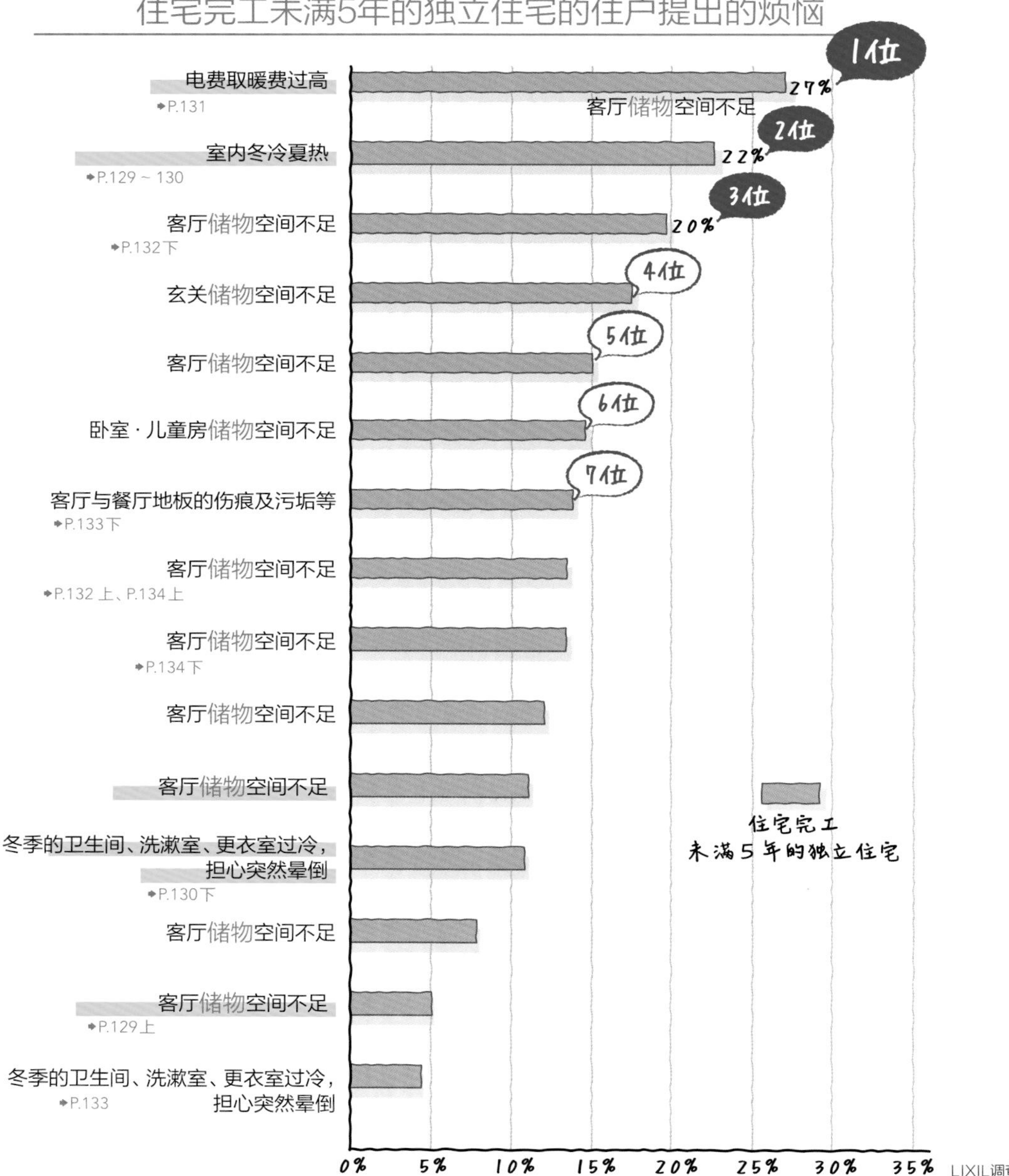

防止温暖空气外流

在问卷调查中，对室内冬冷夏热的抱怨比较突出。为了让室内保持舒适的温度，提高房间的保温性及密封性至关重要。与室外空气相连接部分实施高性能断热材料，让室温不受外界空气影响。并且提高密封性，防止温暖空气外流。特别是窗户作为主要的空气进出口，必须要增强窗户的性能。可以考虑选择Echo玻璃窗（Low-E多层玻璃）和树脂窗扇，树脂和铝混合窗扇等高性能制品。

提高窗户性能，露水凝结等烦恼就会迎刃而解。一旦没有了露水凝结，不必频繁地清扫，生活变得更加轻松。即使窗户附近也很暖和，靠窗户一侧成为特等席位。

像左图那样保温性・密封性较差的住宅，脚下和屋顶的温度差达到12度，如果是保温性・密封性得到提高的住宅，这种温度差会减少到3度。即使使用不是很热的暖房，脚底下也不会感到寒冷，这样在冬天最冷的季节里坐在窗前也依然感到很舒适。

据保温性能不同导致室内上下位置温度差的不

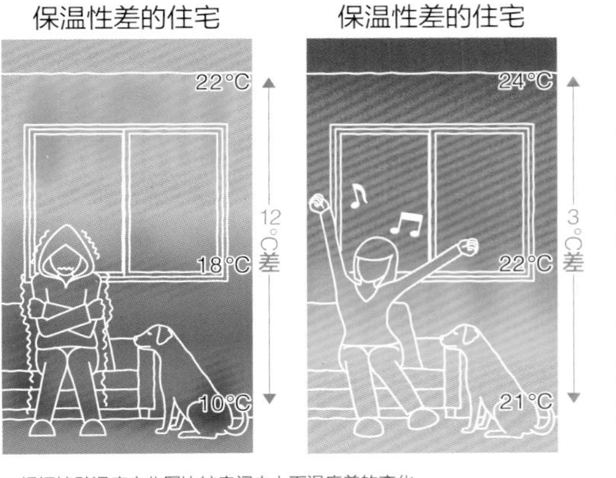

※根据墙壁温度变化图比较房间内上下温度差的变化

各个房间的温度差变化小 整个住宅都让人感到舒适

LDK上方为大挑空，利用低台阶相连的跃层式结构，门的数量少，格局上为一大整间。这对于考虑建房的人一定曾经有过这样的憧憬，这样开放的格局自然让人担心暖气效果和不同房间之间的温度差。

如果增强住宅的保温性・密封性，类似于暖瓶一样的效应，房间的热量不轻易散失，室内温度差小，即便是很大的房间，房间内的各个角落都一样温暖。各个房间的温差也不会有太大变化，无论处于家里的任何位置，都能感受到舒适的温度。

即使在没有安置暖气的卫生间和更衣室，楼梯和玄关等，也能感到温暖舒适。在这样的条件下，大挑空结构和不设置房门的开放型格局成为可能。

保温性能不同导致室内上下位置产生温度差

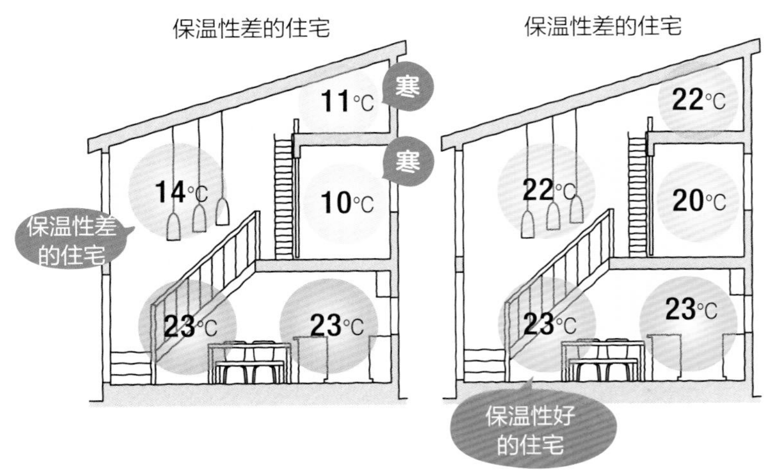

算出条件；根据AE-Sim/Heat算出的2月24日20点的室温・LIXIL公司住宅现场测试(二层独户建/总面积93.31平方米)・家庭成员构成：四人・冷暖房设备：空调・暖房：23度・冷暖房设备：间歇使用(只限LDK)・天气状况：使用・自动气象收集系统2000年度版扩张版东京地区・住宅断热类型：(一般住宅)昭和55年节能基准IV地区适用，(SW工法住宅)屋顶・外壁：SWT100，地板：XPS100mm，开口部：Thermos-XPG制品，玄关：K1.5型，换气：全热交换型换气系统90

夏季凉爽住宅

夏季让室内保持凉爽的方法是什么？

遮挡日光的方法

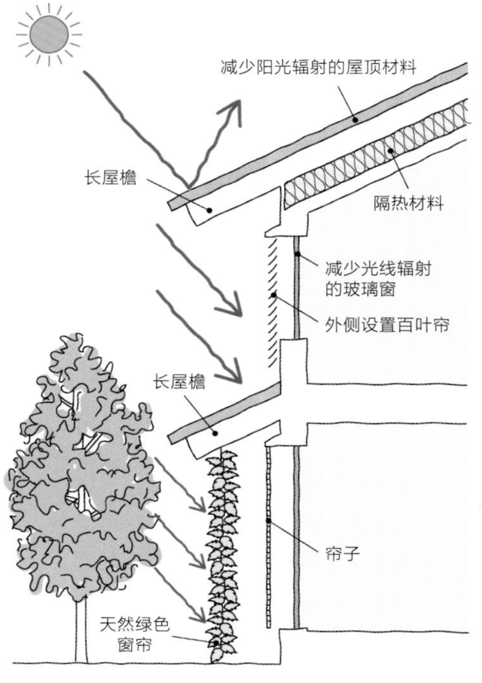

夏季为了让室内保持凉爽，首先要考虑如何遮挡强烈的日照。窗户是最有必要遮挡日光的地方。遮挡从窗户直接照进的日光，重要的是为了防止直射光线的侵入，尽可能在窗户外完成。探出的屋檐保证足够的长度，能够有效地减少阳光辐射。

在窗户外侧设置百叶窗和帘子也是有效遮挡日射的方法之一。而且，最好在窗户近处种植植物，或者在窗前种植苦瓜或者喇叭花等攀缘类植物，成为天然的绿色窗帘。

其次是屋顶和墙壁遮挡日晒的材料选择。使用高性能的隔热材料或者容易反射的屋顶材料能够取得相应效果。照射到屋顶的日光被反射，住宅上层和屋顶内部将会变得更舒适。空调运转也会变得更加有效，炎热的夏天也会觉得很舒适。

住宅与健康

室内保持舒适对健康有益！

搬到温暖的住房后症状得到改善

改善率= 在新居没有症状的人数 / 老住房出现症状的人数

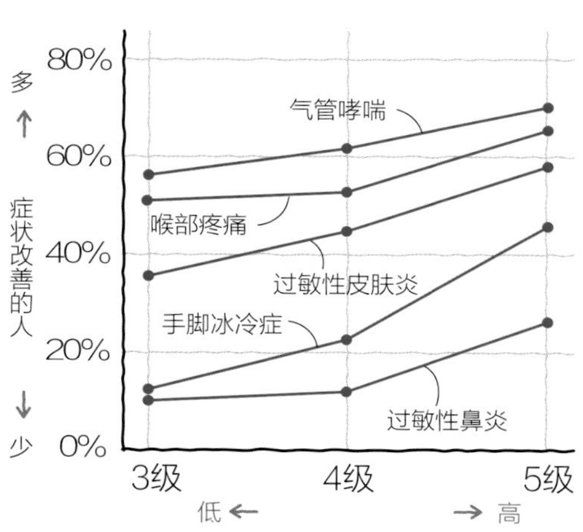

3级：保温性（相当于节能等级3级）
4级：保温性（相当于节能等级4级）
5级：保温性（相当于节能等级4级以上的高保温性住宅）
出自：近畿大学建筑学部岩前研究室。

住房性能的提高不仅体现在节能和舒适上。保温性能差的住房是导致寒冷性休克的主要原因。在寒冷的冬季，如果房间温度未达到18度，有数据显示患有呼吸系统和循环系统疾病的风险增高。

患有呼吸器官和皮肤性疾病的患者，在搬入保温性能好的住房后，调查结果显示症状得到有效改善（左图）。房间寒冷是影响健康的重要因素。

保持健康，生活舒适的室温推荐为21度。最低也要保持在18度以上，这样能够抑制血压上升和防范心血管疾患风险，有老人和孩子的家庭也能够安心过冬。

利用太阳能发电实现零光热费

最近经常听到“零耗能住宅”这个名词，即1栋住宅的消耗能量与产出能量平衡归零的零耗能住宅。以高保温性能为基本，设置高效热水器来节能，利用太阳能发电等创造能源，通过这三点组合，让能源的收支达到平衡。

那么，零耗能住宅中光热费到底抑制到什么程度呢。实际调查结果，请参照下面的“光热费模拟”图。保温性能越好的住宅消耗的能源越少，实现了光热费的削减。而且，由于太阳光发电系统和太阳能热水器等光热费大幅度减少，实现零光热费成为可能。上述功能以外的优势是可以将多余的电力卖给电力公司。

零耗能住宅被称为ZEH（自供能源网的零耗能住宅），国家政策是以普及为目的的，对新建住宅发放扶助金。兼备保温性能和创造能源，节省能源的零耗能住宅将成为今后住宅的趋势。

零耗能住宅的结构

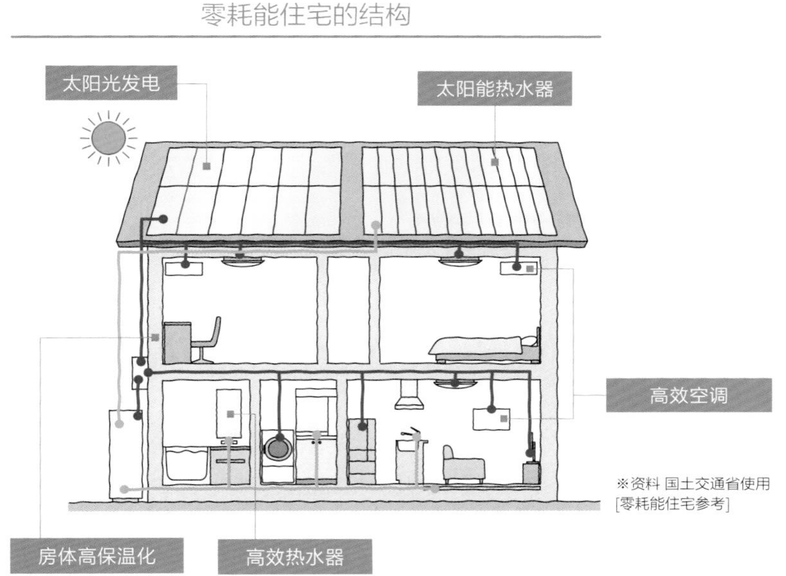

※资料 国土交通省使用[零耗能住宅参考]

光热费用模拟

模拟条件

- 住宅计划：独立循环型方针一般建房用地样板计划（二层独立房/总面积：120.07m²）
- 冷暖房：空调一部分间歇式运行，耗能率：区分（i）
- 换气系统：空调90
- 热水器：专用型热水器 电动加热泵式热水器
- 建设地：东京（地域区分：6区，日照去区分：A3）
- 太阳能发电系统容量：4.95Kw（由于是基于2016年3月的模拟进行试算，和实际数值可能有所不同，当时的耗能量是根据住宅·住户的节能性能判断程序Version1.15加以试算得出）

节能基准的保温性住宅	￥244,480/年
ZEH基准的保温性住宅	￥199,960/年
ZEH基准的隔热性住宅+太阳能发电	￥30,470/年

比节能标准降低约1.3万元

※LIXIL概算

开放型LDK作为生活中心，使家人之间的交流更加顺利

前面提到的问卷调查中，对格局不满意也位列前茅。老住宅格局中大多对房间分隔过细，由于不符合时下的生活需要因此越来越不被人们接受。开放型的LDK现在受到欢迎，并成为住宅生活的中心，因为回到家时需要从玄关经LDK进入自己房间，与家人打照面的机会增多，交流变得更加顺畅。

以LDK为中心的格局，每天的动线变得更加合理紧凑，有减轻家务负担的效果。

围绕LDK室内动线

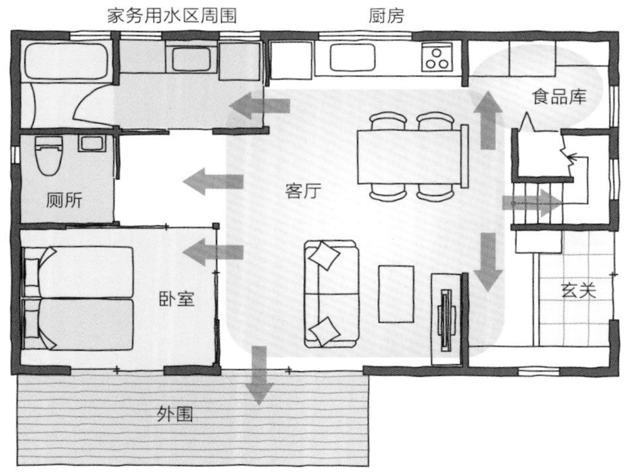

在做饭时由于与客厅和餐厅里家人的距离缩短，会话交流增加，做饭也感到更加快乐。橱柜和储备间等储物配置充实，家务变得更加轻松快乐。

利用系统储物让室内变得干净整洁同时还能够有效地应对地震

家人长时间待在客厅里，常常会造成杂乱的物品杂乱无序。如果事先保证有足够的储物空间，那么客厅就能够保持干净整洁。

储物使用方便的基本概念是，“容易整理”“取放轻松”。搬家前规划好日常用品的储物场所，入住后整理会更加顺畅。例如将客厅电视机周围的一整面墙作为系统储物，干净利落，储物能力也大幅增强。如果柜架一直达到屋顶，可以减轻地震时的倒塌风险。

利用简洁朴素的木架可以获得如同展览馆一样的储物效果，对于希望展示高价兴趣品或者收集品的人推荐这种具有展示性的储物。对于喜爱的物品杂货等以展示的感觉对储物进行摆放，必要时立刻就能取出，同时自己的个性也能够得到充分展现。

客厅储物技巧

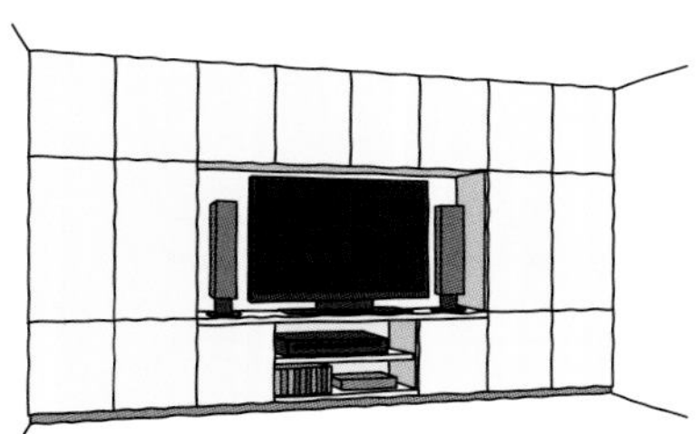

电视机周围推荐的系统储物

系统储物具有突出的储物能力，非常适合客厅。如果墙壁的一整面设置为系统储物，储物能力将得到大幅提升。

在开放式柜架上摆放日常的小物品

最近的系统储物具有良好的设计性能，与展示性储物匹配的商品不断出现。

厨房格局

使用方便的厨房，注重尺寸

使用便利厨房的面积

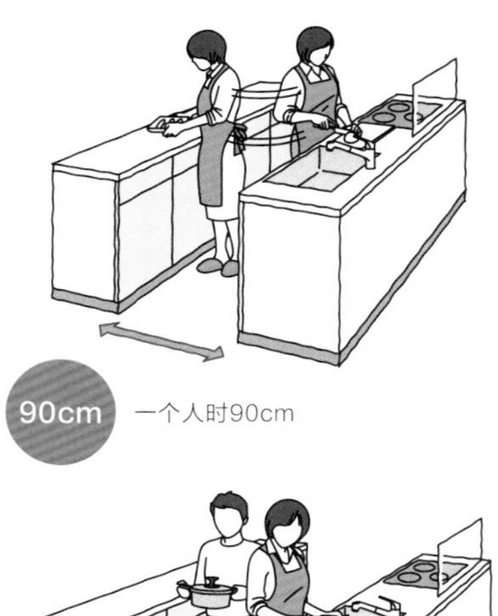

90cm 一个人时90cm

1.2m 如果是两个人以上做饭时，保持有1.2m距离较好

在考虑厨房面积与便利性时，首先有必要确认平日做饭的方式

只有一个人做饭的家庭里，不建议厨房太宽敞。从水槽和灶台到上菜的动线简短紧凑的厨房，节省不必要的行动，减轻家务负担。一般来说，厨房水槽到配菜操作台之间距离为90cm时使用方便。

最近夫妇和孩子共同做饭的家庭增多，会出现做饭人的身后其他人通过的情况。两人以上作业时为了避免因狭窄产生压力，水槽到操作台之间保持1.2m左右的间隔较好。而且，确保通往储藏室和餐厅的动线简短紧凑，这样从做饭、上菜到清理的流程变得更加流畅。

厨房储物

经常使用的物品收放在容易取出的区域！

原则上，每天做饭时所需要的食材和香料、料理器具等，尽可能放得离做饭区域近一点，能够以自然合理的姿势取出想要的物品，减少不必要的操作，减轻身体负担。

日常使用的物品集中放到从视线高度到膝盖高度的区域，能够更容易取出和放回。例如在视线高度处摆放香料类的话，在做料理时能够随时取出非常方便。不必蹲下或者勉强伸展手臂，而是以很容易的姿势就能够拿到。按照使用地点和频度实现储物计划，厨房变成更让人感到快乐的地方。

需要脚蹬的高度。

180cm

物品能够取放的界线。

170cm

能够以较容易的姿势取出物品的范围。

25cm

蹲下时的高度。

储藏品和偶尔才使用轻物品的储物区域。

平时使用物品的储物区域。

日常使用的料理器具的储物，以按照料理时的操作顺序，离使用地点较近，取出更加容易为基准。

储藏品和重物的储物区域。

※身高大致为160cm的条件下

关注让家务活变得更轻松的动线

考虑动线设计的家务用水区

厨房与家务用水区的动线短，从家务用水区处到晾晒衣物的场所，以及客厅及厨房可以迴游。

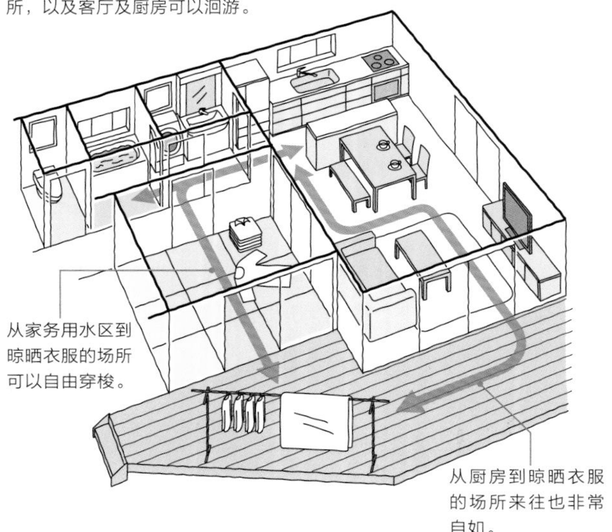

从家务用水区到晾晒衣服的场所可以自由穿梭。

从厨房到晾晒衣服的场所来往也非常自如。

“让家务活更加轻松”的设计重点是对厨房以及家务用水区的配置。紧凑的动线即是彰显此设计风格的重点。

例如清晨做家务事的时间，当边准备早餐边洗衣服时，为了不妨碍需要外出的人整装戴帽，厨房、洗漱室和洗衣机的位置紧凑一些会非常方便。如果可能的话，阳光房靠近洗衣机就更方便了。如果赶上雨天，能够有可以晾晒衣物的场所那就更便捷了。

洗衣服的过程是，“洗衣服”“晒衣服”“摘衣服”，“叠衣服”“收衣服”。一定要随时考虑到从叠衣服的空间到衣橱的距离。

如果想缩短洗衣服这项家务的动线，那么需要没有终点的迴游性设计方案。既方便到达各个空间，又让家务更加游刃有余。

利用原有的抽屉等让洗漱室使用更方便

最近作为化妆台使用的人群增加，本制品着重考虑作为家具使用的外观“LUMISIS”（系列名称），LIXIL（厂家名称）

拉门的颜色及材质，根据地面墙壁整体空间来决定“LUMISIS”系列名称，LIXIL（厂家名称）

洗漱室杂乱的小物件很多。存放毛巾以及洗涤液的空间是必不可少的，现如今许多女性把洗漱室作为化妆间使用，那么就需要一部分空间存放化妆品。洗漱室给人的印象是杂乱的，但是当有客人到访使用时，想必大家都想给客人留下一个干净整洁的印象吧。

要确保洗漱室的储物空间，那么就得发挥良好的整体洗漱台的优势。

每个厂家都有不同型号以及功能的产品，为了不浪费空间就需要根据住宅的空间量身定做的设计方案。如果是带门的抽屉，观赏门就能够给人留下整洁的印象。

事先想象要存放在储物柜中的物品，根据自己的需要考虑存储空间的设计，即便是紧凑的空间想必也一定能被良好的充分利用。

从选择厨房、洗漱室等处的设备到住宅整体的空间分配，考虑功能性等再牵扯上家的设计，要考虑的事情也是非常繁杂的。对于“真的不知道应该何从下手”人群，最好的方法是先去样板间收集信息。

如果是对家具没有任何感觉的人群，那么可以先参观设计公司的样板间。与实际空间大小类型相近的展示厅会带来设计的灵感。特别是墙壁以及地面使用的材料，只依靠样片卡选择很难想象出实际的样子，所以需要去样板间看实物的质感，找空间的感觉。如果是对设计存储空间有些犹豫的话，那么可以去参观住宅设备厂商的展厅，在那里一定会找到好的参照物。

厨房、浴室、洗漱室等住宅设备的发展日新月异，在样板间，展示厅里不仅能够直观设计样式，还能体验最新的功能，在参观过程中收集相关信息，自己所描绘的家的模样也逐渐清晰可见了。

重点是可以确定实际使用的墙壁以及地板的素材材质

亲眼核实一下非常有人气的色彩及素材感的装饰墙

玄关上家的面孔是非常重要的空间。所以更要对墙壁及地面用材精心选择“LUMISIS”（系列名称），LIXIL

即便是很难选材的和室，也可以参照实际的空间进行选择“LUMISIS”（系列名称），LIXIL

图书在版编目（CIP）数据

家的模样. 日系舒适美宅设计图解/ 日本X-Knowledge出版社编著；牛冰心，陈兵译. -- 北京：中国青年出版社，2019.10
ISBN 978-7-5153-5824-6

I. ①家… II. ①日… ②牛… ③陈… III. ①住宅-室内装饰设计 IV. ①TU241

中国版本图书馆CIP数据核字（2019）第202039号

版权登记号：01-2019-3021

家的模样. 日系舒适美宅设计图解

日本X-Knowledge出版社 / 编著；牛冰心 陈兵 / 译

出版发行：中国青年出版社
地　　址：北京市东四十二条21号
邮政编码：100708
电　　话：（010）50856188 / 50856189
传　　真：（010）50851111
企　　划：北京中青雄狮数码传媒科技有限公司

责任编辑：张　军
策划编辑：杨佩云
封面设计：北京京版众谊文化有限公司

印　　刷：北京瑞禾彩色印刷有限公司
开　　本：787×1092 1/16
印　　张：8.5
版　　次：2020年2月北京第1版
印　　次：2020年2月第1次印刷
书　　号：ISBN 978-7-5153-5824-6
定　　价：65.80元

本书如有印装质量等问题，请与本社联系
电话：（010）50856188 / 50856189
读者来信：reader@cypmedia.com
如有其他问题请访问我们的网站：www.cypmedia.com